不好意思心理学

PSYCHOLOGY of EMBARRASSMENT

红花 编著

内 容 提 要

"不好意思"心理就是一个怪圈,好像陷进里面就无法自拔,不管我们说话还是做事都会想到别人的评价而有所顾忌。其实,在很多时候自己并没有那么重要,我们不是焦点,我们只是普普通通的人。所以,抛下心中的包袱,以轻松的心态面对生活,这样我们才能体会到生活的快乐滋味。

本书列举了诸多"不好意思"心理的危害,让读者可以深刻认识到"不好意思"心理对生活的影响,懂得只有丢掉这种心理负担,学会大方表达自己,学会赞美和沟通,才能看到自信的自己,才能去创造美好的未来。

图书在版编目(CIP)数据

"不好意思"心理学 / 红花编著 .-- 北京：中国纺织出版社有限公司，2024.6
ISBN 978-7-5229-1553-1

Ⅰ．①不… Ⅱ．①红… Ⅲ．①心理学—通俗读物 Ⅳ．①B84-49

中国国家版本馆CIP数据核字（2024）第055563号

责任编辑：柳华君　　　责任校对：王蕙莹
责任印制：储志伟　　　责任设计：晏子茹

中国纺织出版社有限公司出版发行
地址：北京市朝阳区百子湾东里A407号楼　邮政编码：100124
销售电话：010—67004422　传真：010—87155801
http://www.c-textilep.com
中国纺织出版社天猫旗舰店
官方微博 http://weibo.com/2119887771
天津千鹤文化传播有限公司印刷　各地新华书店经销
2024年6月第1版第1次印刷
开本：880×1230　1/32　印张：7
字数：120千字　定价：49.80元

凡购本书，如有缺页、倒页、脱页，由本社图书营销中心调换

前言

日常生活中，我们的衣食住行都要与人打交道，那些大大方方与人来往，言谈举止不卑不怯的人，生活中更容易得到他人的帮助，而那些总是"不好意思"的人，却会让自己走入交际的死胡同。在某些关键的时刻或重要场合，如果总是怀揣着"不好意思"的心理，该表达时不表达，该关心时不关心，结果便会丧失很多表现自我、结交朋友的机会。

事实上，羞怯心理是一种正常的情绪反应，这种心理出现时，人体肾上腺素分泌会增加，血液循环加速，这种反应往往导致大脑中枢神经活动的暂时紊乱，最后造成思维混乱。因此羞怯的人经常在人际交往中出现语无伦次、举止失措的现象。羞怯的人太过于在乎自己给别人留下的印象，总是担心别人看不起自己，不管做什么事情，总会有一种自卑感，总是质疑自己的能力，过分夸大自己的缺点和不足，使自己长时间处于消沉的思想之中。同时，因为羞怯心理的阻碍，使自己无法表达出内心的真实情感。

例如，许多人在拒绝他人的时候，就会产生一种"不好意思"心理。之所以会感觉到"不好意思"，是因为他们内心深处是想拒绝的，但碍于情理和面子，他们不好意思拒绝。这种心理阻碍了人们把拒绝的话说出口。"不好意思"心理会给我们的生活和社交带来很多的麻烦。那怎样才能克服这种心理障碍呢？

首先，在平时的生活中，我们应该更多地想到自己的优点和长处，不要为自己的缺点而紧张，要相信"天生我材必有用"。假如你只能看到自己的缺点，那就只能是越来越自卑、羞怯；假如你抬头挺胸、相信自己，那你的智慧和能力就会得到最大限度的发挥，有了自信心，自然能消除羞怯的心理。

其次，不要害怕别人对自己负面的评价。在社交活动中，被人评论属于正常现象，没有必要过分计较，甚至有时候否定的评价还会成为激励自己不断前进的动力。如果太看重别人对你的评价，你就会越害怕越羞怯，越羞怯越害怕，最终形成恶性循环。

当然，克服"不好意思"心理的方法还有很多，如果你认真阅读本书，就一定可以从本书中找到答案。"不好意思"心理阻止了一个人的成功，让一个人显得软弱无力，最后走向失败，因此我们一定要努力改掉这种心态。当我们可以大方地进行社交活动，自信地展示自己的才华，轻松地把想说的话脱口而出时，我们的生活一定会变得精彩纷呈，轻松愉快。

编著者
2023年12月

目录

第1章　解开"不好意思"的心理谜团 / 001

小心别陷入"贴标签效应" / 002

大方欣赏自己，不用不好意思 / 006

你在别人心里可能没那么重要 / 010

不要将自己定义为一个悲观的人 / 014

别不好意思承认自己的优秀 / 018

任何人犯错都是正常的 / 023

第2章　为什么你总是"不好意思" / 027

过于羞怯会错失表达自己的机会 / 028

孤僻让你很难融入群体活动 / 034

自卑会让你失去自我展示的机会 / 038

虚荣心让你陷入欲望的漩涡 / 044

猜疑让你很难信任他人，也不会被他人信任 / 048

嫉妒让你无法交到真心以待的朋友 / 051

第3章　别不好意思，"爱"就是要说出口 / 055

对孩子多说些关爱之言 / 056

常常和父母说些贴心的话 / 061

多沟通不猜忌也是一种爱 / 065

争吵中表达爱的小技巧 / 069

爱他不妨多说些甜言蜜语 / 072

对家人多说点温情暖语 / 076

第4章　别不好意思，大方说话才能有所收获 / 079

说好场面话可以快速消除陌生感 / 080

热情的寒暄，让"不好意思"心理消失 / 084

别不好意思，大方与他人打招呼 / 087

与陌生人做朋友更要打破不好意思的心理 / 091

自我介绍要大方得体 / 095

别不好意思，与陌生人轻松聊天 / 099

第5章　别不好意思，自信的人才受重视 / 103

相信自己一定能行 / 104

大方向别人展示自己的价值 / 108

别给自己的心理设限 / 113

对自己有信心的人也更有自知之明 / 117

无论怎样，自信就对了 / 121

摆也要摆出自信的姿态来 / 125

目录

第6章 别不好意思，大方批评不唯唯诺诺 / 129

可以先自我批评，再去批评其他人 / 130

提出善意的批评，反而会获得感激 / 134

原谅的话别不好意思说出口 / 139

别不好意思说实话，忠言往往逆耳 / 143

别人的错误要委婉指出 / 147

批评有策略，用好"三明治"效应 / 152

第7章 别不好意思，人人都爱听赞美之言 / 157

有特色的赞美显得与众不同 / 158

赞美越具体越令人信服 / 162

向别人请教也是一种赞美 / 166

赞美越自然效果越好 / 170

学点赞美他人的技巧 / 173

第8章 别不好意思，感恩之人要懂得言谢 / 177

感谢陪伴自己一生的人 / 178

感谢那个愿意做你孩子的人 / 180

记得对你的老师说声谢谢 / 184

向对手和困难说声谢谢 / 187

感谢那些伤害过自己的人 / 191

做一个常怀感恩之心的人 / 193

第9章　别不好意思，该拒绝时果断拒绝 / 197

不要把拒绝的话说得太直接 / 198
给要拒绝的人一个恰当的台阶 / 201
拒绝的话要巧妙地说出 / 205
对于领导的要求，可以这样拒绝 / 208
先给对方戴高帽，以肯定的方式拒绝 / 212

参考文献 / 215

第1章

解开"不好意思"的心理谜团

"不好意思"心理就是一个怪圈,一旦陷进去似乎就无法自拔,不管我们说话还是做事都会因别人的评价而有所顾忌。其实,很多时候,我们并没有那么重要,我们不是焦点,我们只是普普通通的人。所以,卸下心中的包袱,以轻松的心态面对生活,这样我们才会体会到生活的快乐。

小心别陷入"贴标签效应"

贴标签效应，就是当一个人被贴上某个词语的标签时，他就会进行自我印象管理，使自己的行为与所贴的标签内容一致。从心理学角度说，之所以会出现"贴标签"，其实是因为标签有定性引导的作用，不管是好还是坏，它对一个人的个性意识的自我认同都有强烈的影响。假如我们给一个人贴上标签，那结果往往就是使其向"标签"所喻示的方向发展。心理学家曾做了这样一个实验：他要求人们为慈善事业做出贡献，然后按照他们是否有捐献，标上"慈善"或"不慈善"的标签，另外一些被试者则不贴标签。后来再次要求他们捐献时，标签就有了使他们以第一次的行为方式去行动的作用，也就是那些第一次捐了钱并被标为"慈善"的人，比那些没有被贴过标签的人要捐得多，而那些第一次没有捐钱，被标为"不慈善"的人比没有标签的人贡献更少。

第二次世界大战期间，美国由于兵力不足，而战争又确实需要一批军人，于是，美国政府就决定组织被关在监狱里的

第1章 解开"不好意思"的心理谜团

犯人上前线。为此,美国政府特派了几个心理专家对犯人进行了战前的训练和动员,并随他们一起到前线作战。训练期间心理学专家对他们没有进行过多的说教,而只是强调犯人需要每周给自己最亲的人写一封信,信的内容由心理学家统一拟定,叙述的是犯人在狱中的表现如何好、如何接受教育并改过自新等。专家要求犯人认真抄写后寄给自己最亲爱的人。3个月后,犯人奔赴前线,专家要求犯人给亲人的信中写自己是怎样服从指挥、多么勇敢等。最后,这批犯人在战场上的表现和正规军相比丝毫不逊色,他们在战斗中正如他们信中所写的那样服从指挥、英勇作战。

专家们研究了那些成功者的成长经历,发现他们对自我都有一种积极的认识和评价,换言之,就是给自己贴上了一张积极的标签,从而产生了一种自信。这种自信有一种"魔力",使他们在认清了自己的现状之后,依然能够保持奋勇前进的斗志,而这也是他们的精神动力。

有一天,美国著名的成功学家安东尼·罗宾接待了一位走投无路、风尘仆仆的流浪者。那人一进门就对安东尼说:"我来这儿,是想见见这本书的作者。"说着,他从口袋里掏出了一本《自信心》,这本书是安东尼多年以前写的。安东尼微笑着请流浪者坐下,那人激动地说:"是命运之神在昨天下午把这本书放入了我的口袋中,因为当时我已经决定要跳进密歇根湖了此残生,我已经看破了一切,我对这个世界已经绝望,所有的人都已经抛弃了我,包括万能的上帝,不过,当我看到了这本书,我的内心有了新的变化,我似乎看到了生活的希望,这本书陪伴我度过了昨天晚上,我觉得,只要我能见到这本书的作者,他一定能帮助我重新振作起来,现在,我来了,我想知道你能帮助我吗?"安东尼打量着流浪者,发现他眼神茫然、满脸皱纹、神态紧张,他已经无可救药了,但是,安东尼不忍心对他这样说。

安东尼思索了一会儿,说:"虽然我没有办法帮助你,但如果你愿意的话,我可以介绍你去见这座大楼里的一个人,他可以帮助你东山再起,重新赢回原本属于你的一切。"听了安东尼的话,流浪者跳了起来,他抓住安东尼的手,说道:"看在老天爷的份儿上,请你带我去见这个人!"安东尼带着他来到进行个性分析的心理实验室,面对着的是一块挂在门口的窗帘布,安东尼将窗帘布拉开,露出了一面高大的镜子,流浪者看到了自己,安东尼指着镜子说:"就是这个人,在这个世界上,只有你本人能够使你东山再起,除非你坐下来,当作你从前并不认识他一样重新认识这个人,否则,你只能跳进密歇根湖了。只要你有勇气重新认识自己,你就能成为你想做的那个

第1章 解开"不好意思"的心理谜团

人。"流浪者仔细地打量了自己,低下头,开始哭泣起来。几天后,安东尼在街上碰到了那个人,他已经不再是一个流浪汉了,而是成了西装革履的绅士,后来,那个人真的东山再起,成了芝加哥的富翁。

每个人都梦想过自己能成为什么样的人,也许是科学家,也许是医生或者律师,不过,大多数人只是梦想,而不实践,甚至希望得到别人的救赎。做自己希望成为的人,其实很简单,只要相信自己,给自己贴上积极完成梦想的标签,朝着梦想勇敢地奋进,那么,我们就真的能够成为我们所希望的那个人。

不管我们所处的场合多么严肃,都需要给予自己积极的心理暗示,告诉自己一切都会好,不要给自己贴上胆小怯弱的标签,一旦这样认为,渐渐地,你就真的会成为那样的人。假如你暗示自己一切都会好,那我们就真的会成为标签上所写的那样的人。

许多人都有消极的心理,他们自卑而懦弱,总认为自己一事无成,成不了大器。结果,就在这一次次消极的心理暗示中,他们真的成了那种无所事事的闲人。假如我们给予自己的都是积极的心理暗示,那自己就真的会朝着这个方向发展。

大方欣赏自己，不用不好意思

如果一个人太自卑，看自己哪里都是缺点，那么，他内心的怨气恐怕是发泄不完的，每天的生活除了自卑就是自卑。子曰："不患人之不知己，而患人之不己知。"对于一个人来说，最应该担心的就是自己不够了解自己，更为关键的是，不懂得欣赏和肯定自己，因为有时候那些莫名其妙的怒火其实是源于一个人内心的自卑。他们习惯对自己挑剔，总是觉得这里不满意，那里也不如意，诸如自己的身高不够高、身材不够性感、脸蛋不够漂亮、家庭条件不够好等，这些都可以成为他们自卑的理由。对此，心理专家建议我们学会肯定并欣赏自己，千万不要自卑。

有一个衣衫不整、蓬头垢面的女孩，她长得很美，不过，总是表现得满脸怨气。别人跟她聊天，她也显得心不在焉。有一天，一位心理学家语重心长地告诉她："孩子，你难道不知道你是一个非常漂亮、非常好的姑娘吗？""您说什么？"姑娘有些不相信地看着对方，美丽的大眼睛里有泪，但更多的是

第1章 解开"不好意思"的心理谜团

惊喜。原来,在生活中,她每天所面对的都是同学的嘲笑、母亲的责骂,在这种生活中,她已经失去了自信,而自卑则成了她怨气的根源。

事实上,每个人都不是完美的,可能在我们的身上存在一些缺陷,但是,无论是缺点还是优点,那都是我们自己的一部分,我们首先应该接受并欣赏自己。即使某一方面做不到绝对的完美,那又有什么关系呢?根本没必要把它作为自卑的理由,否则,除了生气,我们没有时间和精力来做其他的事情。

林黛玉刚刚进荣国府的时候,书中对她就有一句评语:"心较比干多一窍。"后来,林黛玉看到史湘云挂了金麒麟,宝玉最近也得到了一个金麒麟,林黛玉便开始生气:"便恐就此生隙,同史湘云也做出那些风流佳事来。"于是,林黛玉便去偷听,结果却听到了宝玉厌烦史湘云劝他留心仕途经济的话,宝玉说:"林妹妹不说这样的混账话,若说这话,我也和她生分了。"黛玉听到这样的话,心中想:"不觉又惊又喜,又悲又叹。所喜者,果然眼力不错,素日认他是个知己。所惊者,他在人前一片私心称扬于我,其亲热厚密,竟不避嫌疑。所叹者,你既为我之知己,自然我亦可为你之知己,既你我为知己，则何必有金玉之论哉；既有金玉之说，亦该你我有之，则又何必来一宝钗哉！所悲者，父母早逝，虽有刻骨铭心之言，无人为我主张。况近日每觉神思恍惚，病已渐成，医者更云气弱血亏，恐致劳怯之症，你我虽为知己，但恐自不能久持；你纵为我知己，奈我薄命何！"

有一次看戏，大家都看出那个演小旦的有点像林黛玉，只是都不肯说，史湘云却是快人快语，一下子就说了出来，林黛玉感觉自己受辱了，马上就生气了。怕黛玉生气，宝玉使眼色给史湘云，本来宝玉是一片好意，黛玉却更加生气。

后来，黛玉说起宝琴来，想到自己没有姊妹，不免心生怨气，又哭了。宝玉忙劝道："你又自寻烦恼了，你瞧瞧，今年比去年越发瘦了，你还不保养，每天好好的，你必是自寻烦恼，哭一会儿，才算完了这一天的事。"黛玉拭泪道："近来我只觉得心酸，眼泪却好像比旧年少了些的，心里只管酸痛，眼泪却不多。"宝玉说道："这是你平时哭惯了心里疑的，岂有眼泪会少的！"

林黛玉也明白，自己的病是因性情所起，但是，她没有为之作出改变，真是令人叹息。虽然，林黛玉各方面条件都不差，但是，父母都已不在人世，自己又寄人篱下，她心中未免有点自卑，这成了其怨气的根源。在林黛玉身上所体现出来的特点

第1章 解开"不好意思"的心理谜团

是：既才华出众，又多疑多惧。很多时候，她不懂得欣赏自己，自然没有办法快乐起来，怨气越来越重，最终成了一种病。

那么，我们该如何欣赏自己呢？

1. 自己就是与众不同

索菲亚·罗兰刚刚进入演艺圈时，制片商给了她善意的"建议"："如果你真的想干这一行，就得把鼻子和臀部'动一动'。"但是，肯定并欣赏自己的索菲亚却拒绝了这样的建议，她说："我懂得我的外形和那些已经成名的女演员不一样，她们都相貌出众，五官端正，而我却不是这样，我为什么要和别人一样呢？我的脸毛病很多，但这些毛病加在一起反而使我更加有魅力，我的脸就是与众不同，"索菲亚的自我欣赏与肯定并没有令大家失望，后来，她被誉为世界上最具自然美的人。

2. 相信自己

无论自己有多么独特的缺点，都不要嫌弃它，我们需要以一种欣赏的眼光来看待自己，因为这个世界不需要大众化的美，而需要独特的美。在这一点上，每一个人都应该相信自己拥有一种与众不同的美，请学会欣赏与肯定自己吧！

你在别人心里可能没那么重要

焦点效应，也叫社会焦点效应，是人们高估周围人对自己外表和行为关注度的一种表现。简单地说，人类往往把自己看作一切的中心，而且习惯性高估别人对自己的关注程度。在生活中，每个人或多或少都会有焦点效应的体验，这种心理状态让我们过度关注自我，过分在意聚会或者工作时周围人对自己的关注程度。基于焦点效应心理，我们会因为聚会上站在角落或者弄洒了饮料而自认为很失败。我们总是觉得社会上的其他人会格外关注自己，但其实并不是这样，假如我们仔细观察，就会发现那些注意我们把饮料弄洒或其他尴尬场景的人并没有想象中的那么多，所以我们完全没必要紧张。

你是否曾因为在某一次派对上把饮料洒了一身而懊恼很久？你是否曾在公众场合摔倒，然后在几秒内快速爬起来，还要装得若无其事？假如你的答案是"是"，那恭喜你，你已经是焦点效应的群体成员了。心理学家曾经做了这样一个实验：让康奈尔大学的一名学生穿上某名牌T恤，然后进入教室，穿T恤的学生事先估计会有50%的同学注意到他的T恤。不过，结

第1章 解开"不好意思"的心理谜团

果却让人意想不到,只有23%的人注意到了这一点。这个实验表明,我们总觉得别人对我们格外关注,但事实上并不是这样。最终得出的结论就是:在不知不觉间,我们放大了别人对我们的关注程度,而通过对自我的关注,我们会高估自己的突出程度。

小资是一名歌手。以前,她也有过抱怨,每次上节目,她都会抱怨:"自己太辛苦,实在受不了压力太大的生活。有时候,为了讨好歌迷、媒体,我一年发行两张专辑,但是,自己又想把工作做得更好,这样的工作量简直令我崩溃。"以前她的工作时间安排得很紧,白天上通告做宣传,晚上还要去录音棚完成下一张专辑的录制,这样的生活节奏超出了小资可以承受的范围,每天她都感觉很累,而且心中的怨气无处诉说。最后,在内心快要崩溃的时候,她选择了退出歌坛。

在四年的休息时间里,小资做着自己喜欢的事情,她说:"以前都是大家看我怎么变化,现在我是用自己的脚步来看大家的改变。现在我年纪大了,似乎变得老了一些,不过,年龄并不是我能决定的,我也想永远年轻,但是我懂得这就是时间给我的礼物。在成长的过程中,我得到的最大一份礼物就是不用费劲去证明给别人看,只需要做自己喜欢的事情,跟着自己的步伐就好。在以后的时间里,如果我能完全坚持自己的选择,那就是最好的生活。"或许,对于小资来说,她的年龄似乎大了一些,但是,这样一个年龄却是不需要讨好任何人的年龄。最近,小资复出了。在工作上,她已经与唱片公司达成了一致的意见,不需要拿任何事情炒作,同时,不需要为了赢得名气而故意报唱片的数字,自己可以自由自在地唱歌,这是小资最喜欢的一种状态。

小资这样告诉所有的媒体:"我不需要讨好所有的人,我只需要做自己喜欢的事情。"然而,就是这样一句话,令所有的媒体工作者既羡慕又嫉妒,因为对于媒体工作者而言,他们的工作就是在讨好所有的人,从而承受委屈和放弃自尊。每天都有许多人为了人际交往,为了生存讨好他人,他们这样感到很累,甚至感到心力透支。到底为什么我们要对身边所有的人都尽力讨好呢?切记,不要把自己想得太重要了。

焦点效应在现实生活中是无所不在的。举个例子,同学聚会时拿出集体照片,每个人第一时间都会选择找自己。当我们跟朋友聊天的时候,会很自然地将话题引到自己身上来,而且每个人都希望成为焦点,被众人评论。若是和初次见面的人一起用餐,不小心把酒杯打翻,在夹菜过程中出现了失误,这时我们都会很尴尬,会觉得别人都在看自己的笑话。许多人都会有这样的感觉,即便不那么强烈也会觉得不好意思,那接下来的举动就会变得小心翼翼。这都是正常的表现，因为我们都很想在初次见面时给他人留下好印象，然而，真相是我们在他人心中没那么重要，完全没必要那么紧张。

我们要记住以下两点。

1. 不要为了"好人缘"，委屈自己去讨好别人

在生活中，我们都会羡慕那种"好人缘"的人，似乎每个人跟他都能聊到一块儿去。更关键的是，他所说的每一句话，所做的每一件事，都是按照大家的心思而来的，他没有理由不受到大家的喜欢。在公司，上司说这个方案不行，他一句话不说，马上改成了上司喜欢的方案；挑剔的同事说你今天的打扮好像不太和谐，第二天，他就真的换了一套符合同事眼光的服饰；在家里，爸妈说你新交的男朋友没有固定的工作，她就真的决定与男友分手，重新找了一个让父母觉得满意的男朋友。然而，在这个过程中，他们不过是在讨好身边的人而已，他们逐渐失去了自己的生活。

2. 不需要活在别人世界里，自己喜欢才重要

我们要懂得这样一个道理：你不需要讨好所有的人，只有自己喜欢才是最重要的，因为，在你的生活里，没有任何人能够分担你的烦恼和愤怒。

不要将自己定义为一个悲观的人

马克·吐温说："世界上最奇怪的事情是，小小的烦恼，只要一开头，就会渐渐地变成比原来厉害无数倍的烦恼。"那些有着悲观心境的人，就好似心中长了一颗毒瘤，哪怕是生活中一点小小的烦恼，对他来说，都是一种痛苦的煎熬。每天增加一点点不愉快，毒瘤就会在消极情绪的养分下不停地生长，直到有一天，毒瘤化脓，开始散发出阵阵恶臭，而他也已经被悲观所吞噬了。悲观是一种比较普遍的情绪，面对生活中诸多的不如意，每个人都有可能悲观，然而，许多人尚未意识到悲观的危害性。有的人甚至认为，悲观也没什么大不了的，又不是抑郁症。可是，据心理学家观察，长时间的悲观心境，会让一个人感到失望，丧失心智，他长期生活在阴影里，会变得气郁沉沉。所以，我们应远离悲观，调整自己的情绪，走出悲观的阴霾，做一个乐观积极的人。

有两位年轻人到同一家公司求职，经理把第一位求职者叫到办公室，问道："你觉得你原来的公司怎么样？"求职者

第1章 解开"不好意思"的心理谜团

满脸阴郁,漫不经心地回答:"唉!那里糟透了,同事们尔虞我诈,勾心斗角,我们部门的经理十分蛮横,总是欺压我们,整个公司都显得死气沉沉,工作在那种环境里,我感到十分压抑,所以,我想换个理想的办公环境。"经理微笑着说:"我们这里恐怕不是你理想的乐土。"于是,那位满面愁容的年轻人走了出去。

第二个求职者被问了同样的问题,他却笑着回答:"我们那里挺好的,同事们待人很热情,互相帮助,经理也平易近人,关心我们,整个公司气氛十分融洽,我在那里工作得十分愉快。如果不是想发挥我的特长,我还真不想离开那里。"经理笑吟吟地说:"恭喜你,你被录取了。"

前者是悲观者,他生活的天空始终笼罩着乌云,因此,他看任何人和事都是阴郁的,一份多么美好的生活摆在他面前,他都会认为"糟糕透了";后者是典型的乐观者,阳光始终照射着他的生活,即使再糟糕的生活,在他看来也是十分美好的。悲观者看不到未来和希望,所以,他遭遇了求职的失败。或许,在人生的道路上,还有更多的失败在等着他,除非他能换一种心境。

有两个人,一个叫"乐观",一个叫"悲观",两人一起洗手。刚开始的时候,有人端来了一盆清水,两个人都洗了手,但洗过之后水还是干净的,"悲观"说:"水还是这么干净,怎么手上的脏东西都洗不掉啊?""乐观"却说:"水还是这么干净,原来我的手一点都不脏啊!"几天过去了,两个人又一起洗手,洗完了发现盆里的清水变脏了,"悲观"说:"水变得这么脏啊,我的手怎么这么脏?""乐观"却说:"水变得这么脏啊,瞧,我把手上的脏东西全部洗掉了!"面对同样的结果,有不同的心态,那么就会有不同的感受。

拥有悲观心境的人,他们一味地抱怨,他们所看到的总是事情的灰暗面,哪怕到了春天,他们所看到的依然是折断了的残枝,或者是墙角的垃圾;拥有乐观心境的人,他们懂得感恩,在他们的眼里到处是春天。悲观的心境,只会让自己气郁沉沉;乐观的心态,会让自己感受到阳光般的快乐。

里根小时候是一个乐观的孩子。有一次,爸爸妈妈送给里根一间堆满马粪的屋子,一会儿后,他们来到屋子门口,发现里根正兴奋地用一把铲子挖着马粪,看到爸爸妈妈来了,里根高兴地叫道:"爸爸妈妈,这里有这么多马粪,附近一定会有一匹漂亮的小马,我要把这些马粪清理干净,一会儿小马就来了。"

对于一个人来说，悲观的心境就像是飘浮在天空中的乌云，它遮住了生活的阳光，长此下去，他自己也会变得气郁沉沉。所以，远离悲观，拥抱阳光，释放心中的怨气，让阳光照进生活中。

或许，谁也不会想到，美国最著名的总统之一——林肯，曾经竟然是抑郁症患者。林肯在患抑郁症期间，曾说了这样一段感人肺腑的话："现在我成了世界上最可怜的人，如果我个人的感觉能平均分配到世界上每个家庭中，那么，这个世界将不再有一张笑脸，我不知道自己能否好起来，对我来说，或者死去，或者好起来，别无他路。"幸运的是，最后，林肯战胜了抑郁症，成功地当选了美国总统。事实上，悲观给我们生活所造成的影响是巨大的，一个有着悲观心境的人，无论是在生活还是工作中，他都很难获得成功。甚至，悲观的心境还会有意或无意地成为其成功路上的绊脚石。

别不好意思承认自己的优秀

在这个世界上,每个人都是独一无二的,你可能就是那一粒等待被发现的金子。然而,在现实生活中,一些人总是处处与他人比较,觉得自己处处不如别人优秀,似乎这辈子自己都会一事无成。事实上,对于每一个人来说,命运都是公平的,每个人都有自己的价值,这是毋庸置疑的,我们所需要做的就是欣赏自己,认清自己的价值。比较,它带给我们的只是失落、沮丧、烦恼、生气,更为关键的是,比较之后,我们会变得不自信,开始怀疑自己的能力,甚至会自暴自弃。所以,不要处处比较,为自己增添烦恼,其实,我们就是那独一无二的"宝藏"。

约翰上中学时,由于平时学习不积极,成绩很差,每次考试都是倒数。面对这样的结果,老师说:"你已经无可救药了。"身边的同学也看不起他,约翰感到十分沮丧,他觉得自己这辈子也不会有什么出息了。

有一天,老师在班里兴奋地宣布,有一位著名的学者将

第1章 解开"不好意思"的心理谜团

要到班上做实验。约翰心想：这和我有什么关系呢？不过，约翰从同学那里了解到，这位学者是研究人才心理学的，据说他有一台神奇的仪器，能预测出谁未来会获得成功。约翰有点生气，心想：这和我更没有关系，我成绩这么差，未来怎么可能获得成功？成功只属于那些成绩好的同学。这样想着，约翰干脆出门玩去了。

在同学们殷切的眼神中，著名学者终于来了。老师神秘地点了5个同学的名字，其中就包括"约翰"，约翰感到十分紧张：难道自己又要受批评？来到了办公室，那位著名的学者讲话了："孩子们，我仔细研究了你们的档案和家庭以及现在的学习情况，我认为你们5个人将来是会成大器的，好好努力吧。"约翰感到一阵眩晕，以为自己听错了，可是，看着在场人的表情，约翰知道这是真的。原来自己与那些成绩优秀的人是一样的，约翰的成绩很快就跟上来了，再也没有人说他无可救药了。

约翰由于学习不积极，成绩很糟糕，导致老师和同学都看不起他，他自己也感觉自己一无是处。在平常的学习生活中，约翰常常拿自己与那些尖子生比较，结果，越比较越泄气，内心的怨气让他开始"破罐子破摔"。所以，当老师宣布著名的学者要来的时候，约翰自然而然地将自己划分为"失败者"这一行列，而这样的结论正是从长期的比较中得出来的。没想到，著名学者的巧妙暗示却成了约翰走向成功的助推器，通过学者的话，约翰明白了，原来自己才是独一无二的人才。因此，约翰的内心受到了鼓励，不再泄气，不再抱怨，不再比较，他开始朝着成功的方向前进。

一位学者正值风烛残年，感觉自己的日子已经不多了，他想考验和点化一下自己那位看起来很不错的助手。于是，他把助手叫到床前说："我需要一位最优秀的传承者，他不但要有相当的智慧，还必须有充分的信心和非凡的勇气……这样的人直到目前我还没有见到，你帮我寻找和发掘出一位，好吗？"助手坚定地回答说："好的，我一定竭尽全力去寻找，不辜负您的栽培和信任。"

于是，这位助手开始想尽一切办法来为老师寻找继承人，然而，每次他领来的人都被学者婉言否定了。有一次，已经病入膏肓的学者挣扎着坐起来，拍着助手的肩膀说："真是辛苦你了，不过，你找来的那些人，其实还不如你……"半年之后，眼看学者就要告别人世，但最优秀的人还是没有找到，助手十分惭愧，泪流满面地对老师说："我真对不起您，令您失望了！"学者叹息着说道："失望的是我，对不起的却是你自己，本来最优秀的人就是你自己，只是你不敢相信自

第1章 解开"不好意思"的心理谜团

己,总是与他人比较,才把自己给忽略了……其实,每个人都是最优秀的,差别就在于如何认识自己、如何挖掘和重用自己。"话还没有说完,学者就永远离开了这个世界,而那位助手一辈子都活在了深深的自责之中,他因为自卑而辜负了老师的期望。

比较的根源是不自信,因为不自信,所以才想通过比较来找回自信,可是,大多数人在比较中不仅没能找回自信,反而变得更加自卑。甚至,在比较的过程中,当他们意识自己远远不如别人时,他们的心中会充满怨气和愤怒,最后,他们只能成为庸庸碌碌的人。

智者与庸者的差别在于,智者从来不与他人比较,他们相信自己永远都是独一无二的;而庸者总是沉迷于比较中,他们在比较中丢失自我,满腹怨气,最后,他们成了平庸的人。

每个人都梦想着成为最优秀的那一个,事实上,我们真的可以成为那样的人。没有谁能预测你不能成功,既然没有办法否定这一事实,那么为什么不试一试呢?相反,如果你在生活中,总是习惯与别人比较,不相信自己,逐渐忽略自己、迷失自己,或许未来的你将一事无成,而且,你的余生也会在烦恼和抱怨中度过。上帝告诉我们:每一个人都是一座宝藏，在我们的内心深处有着无限的潜力和能力，不要去比较，而是要通过不懈的努力来挖掘自己的宝藏，相信你就是独一无二的。

第1章 解开"不好意思"的心理谜团

任何人犯错都是正常的

俗话说:"金无足赤,人无完人。"在这个世界上没有完美的事物,任何事物都有它的长处和短处。一个人总有失误的时候,谁也不敢保证自己会是永远的成功者;一个人总有这样或那样的缺陷,谁也不能保证自己是最完美的。人总有犯错误的时候,许多人忍受不了自己的错误,总觉得不好意思,习惯用放大镜来看待自己的错误,从而陷入深深的自责中不能自拔,不能原谅自己。

事实上,每个人都会犯错,不要用放大镜来看待自己的错误,自己生自己的气。既然错误已经犯了,那么我们要做的就是想办法弥补错误,完善自己,以免再犯类似的错误。一些爱生气的人往往是完美主义者,他们不能够容忍自己犯错误,从而导致内心的烦恼、不满情绪不断滋生。其实,这是没有必要的,不要为自己贴上"成功者"的标签,我们首先要承认自己不过是一个普通人,既然避免不了犯错误,就要尝试着接受那个犯错的自己,学会原谅自己,不要纠结在自责中,平复内心的情绪,懂得知错就改,这样,我们才能凡事不纠结。

有一天,一个身材高大魁梧的人走在库法市场上,他的脸被晒得黝黑,还残留着战场上的痕迹。市场里坐着一个无聊的商人,他看到那个高大的人走过来,便想逗逗他,以显示自己的搞笑本领。于是,商人将垃圾扔向那个过路人,但是,那个高大的过路人并没有因此而生气,而是继续迈着稳健的步伐朝前走去。

当那个人走远以后,旁边的人问那个无聊的商人:"你知道刚才你侮辱的人是谁吗?"商人笑着回答:"每天有成千上万的人从这里经过,我哪有心思去认识他呀?难道你认识这个人?"旁边的人立即惊呼:"你连他都不认识!刚才走过去的就是著名的军队首领——马力克·艾施图尔·纳哈尔。"商人涨红了脸,似乎不太相信:"是真的吗?他是马力克·艾施图尔·纳哈尔!就是那个不但敌人听到他的声音会四肢发抖,连狮子见到他都会胆战心惊的马力克吗?"旁边的人再次肯定地回答:"对,正是他。"商人惊恐地说:"哎呀!我真该死,我竟做了这样的傻事,他肯定会下令严厉地惩罚我。"

想到关于马力克·艾施图尔·纳哈尔的传言,商人心惊胆战,深深自责刚才的错误。他马上关了店门,整个人蜷缩在被子里,等着马力克的惩罚。可是,一天过去了,马力克

第1章 解开"不好意思"的心理谜团

没有来,一周过去了,马力克还是没有来。虽然马力克并没有出现,但是商人内心的恐惧却越来越重,他不能原谅自己的过错。邻居们都来劝慰他:"马力克将军是多么有修养的人,怎么会跟你计较呢?"商人还是摇摇头,整个人看上去既憔悴又疲惫。

商人已经陷入了深深的自责中,即使马力克原谅了他,但他仍打不开那个心结,难逃自责的痛苦。心理学家表示:那些无法原谅自己错误的人,其实是对自己有着严格苛求的人。而商人之所以无法原谅自己,是源于其内心的害怕,他不断自责之前所犯下的错误,是因为害怕受到相应的严厉惩罚。

人与人之间为什么会有永远的伤害呢?其实,大多时候是一些无法释怀的坚持所造成的。如果我们能从自己做起,宽容地对待自己,原谅自己无意或有意犯下的错误,相信一定会收到意想不到的效果。当我们开启一扇窗户的时候,我们会看到更完整的天空。

具体来说,我们要做到以下两点。

1. 学会宽容自己

一个人需要学会宽容,因为宽容是一种美德,一种素质。而且,我们应该最先宽容的就是自己,这样我们才有更宽广的胸怀去宽容别人。如果连自己都宽容不了,我们又怎么能原谅别人的错误呢？有人说，能够宽容自己的人，他们更容易拥有融洽的人际关系。

戴尔·卡耐基是美国著名的成功学家，他曾在自己的作品里这样说："我通过对全球120名成功人士的调查发现，他们都有一个共同的特点，就是能够建立融洽的人际关系，而正是因为他们都有一颗宽容的心，所以，他们的人际关系才会那么好。"而且，那些取得瞩目成就的人，他们的成功之路并不会一帆风顺，总是波折不断，或许他们曾经也犯了不少错误，但他们懂得原谅自己，以更加完美的姿态去迎接挑战，最后他们才赢得了成功。试想，如果他们总是纠结自己曾经所犯的错误，那么，他们就会在郁郁寡欢中度过余生。

2. 学会放过自己

有的人没有办法原谅自己的过错，总是深陷自责当中不能自拔，主要原因是对自己要求太严格，或者说，之前他给大家的印象太美好，一旦犯错就对原有印象造成了破坏，他就认为再也没有办法弥补了，于是只能不断地自责，甚至有的人会为自己人生的某一次错误而忏悔一生。

第2章

为什么你总是"不好意思"

在日常交际中,我们经常会因为"不好意思"而导致自己走进交际的死胡同。由于内心有太多顾虑,导致自己陷入许多难堪的境地。即便我们的交际之路已经越走越窄,我们也会一直"不好意思",这又是为什么呢?

过于羞怯会错失表达自己的机会

克里斯多夫·迈洛拉汉是一位心理治疗专家,他曾经有一个病人是一位30岁的单身女子,她非常害怕与人约会。后来在迈洛拉汉的建议下,她写下了与约会有关的一系列事情,如安排出门,在约会时说什么,关于未来又谈些什么等。在将事情整体思考一番之后,她最担忧的是她并不喜欢的男人会爱上自己,因为一旦出现这样的场面,她不知道该如何去拒绝。于是,迈洛拉汉告诉她如果不想再见到约会的那个人时她该怎么样说,一旦她有了这样的准备,约会就变得轻松随意多了。

对此,迈洛拉汉总结说:"记日记是一种简易而有效的方法,我们对自身的认识也许比我们自以为的知道得更多,当我们用文字将我们的害怕和焦虑梳理一番时,自己也会为之惊讶。"

羞怯心理产生于神经活动的过分敏感和后天形成的消极自我防御机制。通常情况下,拥有内向和抑郁气质的人在大庭广众之下不善于自我表露,自卑感较强和过分敏感的人也会因为太在意别人对自己的评价而显得畏首畏尾，表现得很不好意思，浑身不自在。

伯·卡登思曾提出这样一个词：社交侦查。假如你要参加一个晚会，最好事先弄清楚哪些人会参加，他们将说些什么，他们的兴趣是什么。假如你要参加一个商业会晤，就应尽可能了解对方的背景材料，这样当你与人交谈时，就有了更大的主动权。例如，你可以先同一些与自己兴趣相同的人打交道，让他们帮助你树立信心。

一位心理治疗专家曾帮助一位害怕与陌生人打交道的妇女战胜羞怯，他首先了解到这位妇女喜欢编织。于是，在这位心理治疗专家的建议下，这位妇女报名参加了一个编织学习班。在那里，她可以兴致勃勃地与那些新认识的人一起讨论感兴趣的编织问题。她渐渐地交上了不少朋友，并将她的社交圈子拓展到班级之外。最终，她可以与陌生人轻松地相处了，即便在公众场合也很少羞怯了。

许多羞怯的人越想摆脱羞怯，反而表现得越明显，慢慢形成一种恶性循环。所以，我们首先应该接纳羞怯心理，带着羞怯心理去做事，认识到羞怯只是生活的一部分，许多人可能都有这种体验，这样反而会让自己放松下来，逐渐克服羞怯心理。

一位即将毕业的大学生，作为见习老师第一次登上讲台，当学生起立，师生互致问候时，他事先想好的开场白不知跑到哪儿去了。惊慌中，他用颤抖的声音说了句："同学们，再见！"同学们莫名其妙，面面相觑，见老师满脸通红，不知所措，不由得哄堂大笑。

他努力让场面安静下来，但换来的不是镇静，而是脑门上涔涔的汗珠。当他下意识地掏出"手帕"揩汗时，台下又是一阵哄堂大笑。他心里有点纳闷，但是经一位学生暗示，他才发现自己手里拿的不是手帕，而是一只袜子。他不由得更紧张了，心想大概是昨晚洗脚时，鬼使神差地把袜子装进衣兜了。

他想避开几十双眼睛的注视，便抓起黑板擦擦黑板，整个课堂闹翻了天。他窘得无法自控，无地自容，只好跑下讲台，慌乱中一抬脚又踢翻了讲台旁的热水瓶。

有人说："我从小就怕见到陌生人，在陌生人面前不知所措，从来不主动回答老师的提问，怕在众人面前说话，我今年已经30岁了，在异性面前就感到很紧张，很不自然，因此影响了我交女朋友，也影响了我与周围人的交往。请问，我这属于一种什么心理障碍？"其实，这就是一种羞怯心理。在社交场合，常常会有这样的现象：有的人轻松自然，谈吐自如；有的人却手足无措，不知道怎么办才好，言谈举止间显得十分慌张。第一次上讲台的新教师或第一次当众演讲的人也会有这样的体验：事先想好的话，一到台上就全忘了。

那么，如何才能克制自己的羞怯心理呢？

1. 增强自信心

在平时，我们应该清楚自己的优点和长处，但千万不要为自己的缺点而紧张，而要相信"天生我材必有用"，假如你只看到自己的缺点，那就会越发显得自卑、羞怯。假如你抬头挺胸，那自己的智慧和能力就会得到最大限度的发挥，有了自信心，自然能消除羞怯心理。

2. 不要怕被别人评价

分析那些害怕在公众场合讲话、羞于主动与人交往的人，我们很容易发现，他们最怕得到来自别人的否定评价。这样越害怕越羞怯，越羞怯越害怕，最终形成恶性循环。实际上，在社交活动中，被人评论属于正常现象，没有必要过分计较。甚至，有时候否定的评价还会成为自己不断前进的动力。比如，美国前总统林肯在年轻时就曾被人轰下台过，不过他并没有气馁，反而更加努力，最后成了一名演说家。

3. 进行自我暗示

每当自己在公众场合很紧张的时候，就对自己说："没什么可怕的，都是同样的人，不要怕。"通过自我暗示镇静情绪，那么羞怯心理就会减少大半。俗话说得好，万事开头难，只要我们第一句话说得自然，那一切都会顺理成章。

4. 大方与人交往

我们可以向经常见面但说话不多的人，如邮递员、售货员等问好。与人交往，尤其是与陌生人交往，要善于收敛紧张情绪，尽可能地使用一些平静、放松的语句进行自我暗示，这样可以起到缓和紧张情绪、减轻心理负担的作用。

5. 讲究说话技巧

在日常交际中，当我们脸红的时候，不要试图用某种动作掩饰它，这样反而会让我们更加害羞，进一步增加了羞怯心理。我们应该意识到，羞怯只是精神紧张，并不是不能应付社交活动。

6. 说出自己的忧虑

心理学家建议羞怯者去找一个"可倾诉的人"，比如家人、朋友或医生，这些人可以善意地对待你的羞怯而不会嘲笑你，向他们倾诉自己心中的忧虑，一方面他们可以为你出谋划策，另一方面还可以帮助你摆脱心理负担。

7. 设想最糟糕的情形

我们应该设想一下最糟糕的情形，比如，你害怕发表一个演讲，我们设想一下这些问题：你对这次演讲最担心的是什么？是演讲失败，被大家笑话吗？假如真的失败了，最糟糕的局面会是什么？要么我跟他们一起笑，要么我以后再也不演讲了。这样一设想，那最糟糕的结果也不过如此，并不是一场不可接受的灾难，那么又有什么值得羞怯的呢？对于羞怯者而言，普遍的担心就是因紧张而出现的一些身体外部表现被人笑话，如出汗、声音颤抖、脸红等，不过，这些担忧纯粹是多余的，因为这些表现很少会被人注意到。

孤僻让你很难融入群体活动

孤僻心理，也就是我们常说的不合群，不能与人保持正常关系、经常离群独居的心理状态。在日常交际中，主要表现为不愿意与他人接触，待人冷漠，对周围的人常有厌烦、鄙视或戒备的心理。当然，有着孤僻心理的人猜疑心比较重，容易神经过敏，做事喜欢独来独往，不过也免不了被孤独、寂寞和空虚所困扰。

孤僻者的生活中缺乏与朋友相处的欢乐，交往需求得不到满足，内心很苦闷、压抑、沮丧，感受不到人世间的温暖，看不到生活的美好，很容易消沉、颓废。由于缺乏群体的支持，他们整天过着提心吊胆的日子，忧心忡忡，容易出现恐慌心理。一旦这样的消极情绪长时间困扰他们，便会损伤身体，严重的还会有轻生的念头。

小王是一名战士，下士军衔，不过大家都说他性格怪异、冷漠，很少看到他与战友们嬉笑打闹，他总是独来独往，喜欢溜边走，没事总是一个人躲在一个角落，成为部队热闹生活的旁观者。由于他不愿意和别人交流，开会也很少讲话，除非点名叫他，否则是看不到他举手的，而且他说话时总是语速很快，一副很紧张小心的样子。战友们都很难了解小王内心的想法，而小王平日在部队里也是一副"各人自扫门前雪，莫管他人瓦上霜"的态度。

有一天，领导叫小王一起去打球，小王的第一反应就是："我不去，我又不会打。"领导说："好，你不打，陪我去转转总可以吧？不行我们再一起回来。"好说歹说总算愿意去了，到了球场，大家都在喊"小王，下来一起玩。"小王不吱声看着领导，领导先下去，他在场边看领导和战友们打，球场上五个人肯定分布不均，领导说："你来吧，不然人不够，你够点意思。"小王说："我不会，打不好。"这时小王就处于"不想交际"了。领导说："就一次，下次我喊其他人，你就陪我们打一次，打一会儿就回去了。"小王不吱声，战友和领导又喊了几次，他终于下来了。

小王算是勉为其难进入球场了，当战友们看到他有好位置的时候，就把球传给他，让他投，他迟疑了，战友们都鼓励他投，说他位置好，赶紧投。他才把球投了出去，当然，他离篮球架很近，而且没有防守，球进了，大家都说看不出来啊，小王还留了一手。他害羞地笑了，但还是一副冷漠的样子。后来在战友们的"配合"下，小王又进了几个球，而且不用战友们说就会自己主动投球。打了一会儿，大家都累了，就坐在球场边上东一句西一句地聊起来，不过话题离不开"小王球打得不错"，看他冷冰冰的脸上羞得红红的，战友们猜测其心里肯定是在想"其实挺好的"。后来打球，小王都主动来了。

小王就是典型的孤僻心理，符合心理孤僻所有的性格行为。那他的孤僻心理是如何产生的呢？原来，小王的父母在其幼年时死于一场火灾，从小他就跟随爷爷奶奶生活。火灾的发生，给小王留下的不只是身上被大火烧伤的痕迹，还有不完整的人生。在成长的过程中，小王不断给自己增加心理暗示，自我的羞耻感、屈辱感不断增强，自我否定的意识不断形成与加剧，表现出了消极的自我评价，对身边人的戒备心理也开始产生了。随着消极的自我暗示不断出现，他的认知扭曲，慢慢形成了逃避现实、孤僻自卑、谨小慎微、容忍退让的懦弱性格。

孤僻心理的产生受多方面因素的影响，青年时期的心理特点，使得孤僻心理在青年人中比较多见。青年人正处于成长的关键阶段，世界观和人生观刚开始建立，自认为已经长大成人，经常委屈地感到自己不被理解，有一种莫名其妙的孤独感；缺乏强烈事业心的人也会产生孤僻的心理；通常情况下，内向性格的人容易孤僻，因为他们的自我中心观念比较强，内心深处对外界有强烈的抗拒感，往往对外界事物和周围人群表现得很冷漠；童年的创伤经验，如父母离婚、伙伴欺负等不良刺激，都会使儿童过早地承受了烦恼、忧虑、焦虑不安的不良情绪体验，会使他们产生消极心境，最终形成孤僻的性格。

那么，如何对孤僻心理进行自我调节呢？

1. 正确认识自己和他人

孤僻者本人要对孤僻的危害有一个正确的认识，打开自己紧闭的心扉，追求人生的乐趣，摆脱孤僻的困扰，同时正确地认识别人和自己，努力寻找自己的优点和长处。孤僻者都不能正确地认识自己，有的人觉得自己比别人强，总想着自己的优点和长处，而只能看到别人的缺点；有的人则比较自卑，总认为自己不如别人，怕被别人嘲笑，而把自己封闭起来。其实，这两者都需要正确地认识别人和自己，多与别人交流思想，沟通感情，享受人与人之间的友情。

2. 敢于与人交往

性格孤僻的人应该多与那些性格外向的人交往，让自己的情绪受到感染，也使自己变得开朗起来。这样一来，他们在每一次交往中都会有所收获，可以丰富知识经验，纠正知识上的偏差，既获得了友情，又愉悦了身心。

3. 掌握交际技巧

假如我们在交际方面比较笨拙，可以看一些有关交往的书籍，学习交往技巧，同时多参加正当有益的集体活动，如郊游、跳舞、打球等，在活动中慢慢培养出自己开朗的性格。

自卑会让你失去自我展示的机会

自卑心理，用科学的语言可以解释为对自己缺乏一种正确的认识，自卑的人在人际交往中缺乏自信，做事缺乏勇气，畏首畏尾，随声附和，没有自己的主见，一旦发现错误就以为是自己做得不好，最后往往导致自己失去与人交往的勇气和信心。实际上，正是因为这样的自卑心理，才让其失去一个又一个展现自我的机会。

那些有着自卑心理的人总是轻视自己，觉得没办法赶上别人。自卑心理主要表现为两个方面：一是以一个人认为自己或自己的环境不如别人的自卑观念为核心的潜意识欲望、情感所组成的一种复杂心理；二是一个人因为不可以或不愿意奋斗而形成退缩心理。自卑心理是由婴幼儿时期的无能状态和对别人的依赖造成的，对人有普遍的影响。当然，自卑心理是可以通过调整认知和增强自信心来消除的。

杰克·韦尔奇出生在一个典型的美国中产阶级家庭，父亲在铁路公司工作，每天早出晚归，因而，培养孩子的任务就落在了母亲的身上。与其他母亲不太一样，韦尔奇的母亲更注重提升韦尔奇的能力和意志。她是一位十分权威的人，总是让韦尔奇觉得自己什么都能干，教会韦尔奇独立学习。每当韦尔奇的行为不妥时，母亲总是以正面而有建设性的意见唤醒他，促使韦尔奇重新振作，母亲虽然话不多，但总令韦尔奇心服口服。

母亲一直抱持着三个理念：坦率的沟通、面对现实、主宰自己的命运。她将这三门功课教给了韦尔奇，使得韦尔奇终身受益。母亲告诉韦尔奇："要掌握自己的命运就必须树立自信。"韦尔奇在成年以后还是略带口吃，但是母亲安慰韦尔奇："这算不了什么缺陷，只不过思维比开口快了一些。"正是母亲给予的这份自信，让口吃不再成为阻碍韦尔奇发展的绊脚石，而是成了韦尔奇骄傲的标志。美国全国广播公司新闻部总裁迈克尔对韦尔奇十分钦佩，甚至开玩笑说："他真有力量，真有效率，我恨不得自己也口吃。"

韦尔奇凭借优异的中学成绩应该可以进入美国最好的大学，但是，由于种种原因，他最后只进了马萨诸塞大学。刚开始，韦尔奇感到十分沮丧，但进入大学以后，他的沮丧变成了幸运。他后来回忆这段经历时这样说道："如果当时我选择了麻省理工学院，那我就会被昔日的伙伴们打压，永远没有出头的一天。然而，这所较小的州立大学，让我获得了许多自信，我非常相信一个人所经历的一切,都会成为自信的基石,包括母亲的支持、运动、上学、取得学位。"韦尔奇的大学班主任威廉这样评价他:"他总是很自信,他痛恨失败,即使在足球比赛中也一样。"1981年,韦尔奇成了历史上最年轻的通用电气公司董事长。而自信则成了通用电气的核心价值观之一,韦尔奇这样说:"所有的管理都是围绕自信展开的。"

韦尔奇这样解释他的成功:"我们所经历的一切都会成为我们信心建立的基石,当你被选为一支球队的队长,在球场中选队员时,你就掌握了这支队伍,渐渐地,你会习惯这些经验,而且人们也会信任你,给予你善意的回应。"

其实,在生活中,任何事情本身都不能影响我们,我们只是受对事物的看法的影响,假如我们总是任由自卑心理驱使,将自己看成一个失败者,那我们就会失去一个表现自我的机会。其实,人和人之间并没有什么不同,每个人的内心都有一个沉睡的巨人,那就是信心。

自信、执着,会让你永远拥有一张人生之旅的坐票。那些不愿意主动寻找自己,最终只能在漂泊无依中流浪到老的人,其实就是在生活中安于现状、不思进取、害怕失败的自卑者,最终,他们只能滞留在原点。信心是获得成功不可缺少的前提,信心会引导我们走向成功。有信心的人,他们遇事不畏缩、不恐惧，即使内心隐隐不安，也能勇敢地超越自我。有信心的人，他们浑身上下充满了活力，能解决任何问题，凡事全力以赴，最终成了最伟大的胜利者。

在现实生活中，自卑者随处可见，或许你曾经也是他们中的一员。他们不敢大声说话，不苟言笑，总是独自在某个角落里默默注视着他人，实际上，他们心里也渴望得到别人的关注。他们的内心世界一片黑暗，很少交到朋友，就这样自卑地活着。其实，自卑心理是可以用实际行动来克服的，而克服自卑心理最好的办法就是付诸行动，去做自己恐惧的事情，直到成功。

那么，如何才能克服自卑心理呢？

1. 尽可能地坐在最前面的位置

心理学家认为，坐在前面可以建立信心。因为敢为人先，敢上人前，敢于将自己置于众目睽睽之下，就一定有足够的勇气和胆量。时间长了，这样的行为就会成为习惯，自卑也就在潜移默化中变为了自信。而且，坐在比较显眼的位置，就会提高自己在公众视野中的比例，增强反复出现的频率，起到强化自己的作用。所以，从现在开始就尽可能地往前坐，虽然比较显眼，但通常情况下关于成功的一切都是显眼的。

2. 抬头挺胸，快步走

心理学家认为，我们行走的姿势、步伐与心理状态有一定的关系。通常情况下，懒散的姿势、缓慢的步伐是情绪低落的表现，是对自己、对工作以及对别人有不愉快感受的反映。假如我们认真观察这些，就会发现身体的动作是心理活动的结果，那些内心自卑的人，走路就是拖拖拉拉，缺乏自信的。同时，我们也可以通过改变走路的姿势与速度，调整我们的心理状态，要想表现出较强的自信心，走起路来应该比一般人快。快步行走，就是告诉所有的人："我要到一个重要的地方，去做很重要的事情。"

3. 面带微笑

许多人都知道笑可以带给人自信，它是医治信心不足的良药。不过，依然有许多人不相信这一套，因为他们在自卑、恐慌的时候，从来不试着微笑一下。真正的笑容不仅可以治愈自己的不良情绪，还能立即化解别人的敌对情绪。假如你真诚地向一个人展露笑颜，他就会对你产生好感，这种好感足以使我们充满自信。

4. 学会正视别人

俗话说得好，眼睛是心灵的窗口。一个人的眼神可以折射出性格，透露出情感，传递出微妙的信息。假如你不敢正视别人，那就意味着自卑、胆怯、恐惧，躲避别人的眼神，则折射出阴暗、不坦荡的心态。当我们正视对方，那就等于告诉对方："我是诚实的，光明正大的，我非常尊重你，喜欢你。"所以，正视别人，反映的是一种积极心态，是一种自信的表现。

5. 当众讲话，充满自信

在一些公众场合，自卑的人认为自己的意见可能是没价值的，假如说出来，别人会觉得自己很愚蠢，自己最好什么也不说，而且其他人可能比自己懂得多，他们内心其实并不想让别人知道自己很无知。其实，从积极的角度来看，尽可能当众讲话会增加信心。因此，不管参加什么活动，每次都要训练自己主动讲话。

虚荣心让你陷入欲望的漩涡

虚荣心是一种追求表面的虚荣而使自己获得别人的尊重或被别人羡慕时所产生的一种自我满足心理。心理学家认为，虚荣心是自尊心的过分表现，是为了赢得荣誉和引起普遍关注而表现出来的一种不正常的社会情感。当然，虚荣心的产生与人的需求有关系，人类的需要分生理的需要、安全的需要、归属和爱的需要、尊重的需要和自我实现的需要。其中，尊重的需要包括对成就、力量、权威、名誉、地位、声望等方面的需要。一个人的需要应当与自己的现实情况相符合，否则就可能会通过不正当的手段获得满足。

在日常生活中，我们常常听到虚荣的声音："你看，隔壁的王先生多潇洒，楼下的阿松买了小车，对面的小张刚刚炫耀说又买了一套别墅，看看我们自己，还住在筒子楼，要钱没钱，要车没车，工作也不好……"俗话说："人比人，气死人。"虽然，人与人之间的比较是一种常见的心理活动，但是，如果我们时刻用消极的心态去攀比，贪恋虚荣，不仅会在比较中迷失自己，心中也会燃起虚荣的熊熊大火。

早上,王雯穿着新买的裙子上班,心里别提多美了。她想:这身打扮应该会把办公室那群人给比下去,不知道多少人会称赞自己有品位呢。她一边想,一边乐,忍不住对着公司大门的镜子整理头发。来到办公室,王雯还没来得及炫耀自己的新裙子,就看到一大群女人围着李倩,大家嘴里发出阵阵赞叹声。王雯心中顿感不快,凑过去一看,原来,李倩今天也穿了新裙子,而且,无论是款式还是质量,都在自己所穿的裙子之上。王雯看了一眼,满脸不屑,气冲冲地走了,身后传来同事的议论:"她总是这副样子,爱比较,比了又生气,真是搞不懂这个人……""可不是嘛,要我说啊,就是嫉妒心在作怪,每次都这样子,都已经习惯了。"

听了同事们的议论,王雯心中怒火腾地起来了,她回过头,大声责问道:"你们说谁呢?"同事们纷纷走开了,只留下脸红脖子粗的王雯。气愤的王雯进了卫生间,对着镜子重新审视自己的裙子,越看越生气。本来只是发泄心中的怨恨,没想到,新买的裙子居然被她猛地扯出了一条长长的口子。看着镜子中的自己,王雯气得哭了起来。

对于一些私心较重、心理欲望较大的人来说,他们时常会因为攀比把自己气得够呛,而且他们往往不知道自己到底错在哪里。心胸狭窄的人,总喜欢以己之长比他人之短,喜欢计较个人名利得失，越比较越痛苦，感觉自己真的"吃了亏"或"运气不好"，甚至，开始抱怨自己"生不逢时"。看到自己的朋友升了职、赚了钱，自己的心里就很不平衡，总想着之前他还不如自己呢，但是，他们却不去思考对方取得成功的原因。

虚荣心理的产生源于三方面的内容：第一，不能正确对待自己与别人的优劣，对条件比自己差的人容易产生虚荣心，那些有着强烈自尊心的人更容易产生虚荣心；第二，过分重视荣誉的人，为了顾全自己的荣誉和面子，往往不惜弄虚作假；第三，过分重视舆论效应的人容易产生虚荣心理。虚荣心强的人不是通过真实的努力获得应有的尊重，而是利用谎言、投机等不正常的手段沽名钓誉，一旦这样虚假的自尊被揭穿，就有可能使其心理在极短的时间内全面崩溃。

那么，如何克制自己的虚荣心理呢？

1. 树立正确的荣辱观

我们对荣誉、地位、得失、面子要保持一种正确的认识和态度。我们在社会上要有一定的荣誉和地位，这是心理的需要。但是，若过分追求荣誉，就会使自己的人格歪曲。

2. 把握攀比的度

社会攀比是人们常有的社会心理，不过我们需要把握好攀比的方向、范围与程度。从方向上讲，需要多立足于社会价值而不是个人价值的比较。例如，比一比个人在公司里的地位、作用与贡献，而不是只看到个人工资的收入、待遇的高低。从范围上讲，这就是健康的比较。

3.用心理训练方法自我纠正

假如我们已经出现自夸、说谎、嫉妒等病态行为，那就可以采用心理训练的方法进行自我纠正，这种方法源于条件反射原理，即当病态行为即将或已经出现的时候，施以一定程度的自我惩罚，时间长了，虚荣行为就会慢慢消退。

猜疑让你很难信任他人，也不会被他人信任

猜疑心理，就是在交往过程中，自我牵连倾向太重，总觉得什么事情都会与自己有关，对他人的言行过分敏感、多疑。《三国演义》中有这样一段描写：曹操刺杀董卓败露后，与陈宫一起逃至吕伯奢家。曹、吕两家是世交。吕伯奢一见曹操到来，本想杀一头猪款待他，可是曹操因听到磨刀之声，又听说要"缚而杀之"，便大起疑心，以为要杀自己，于是不问青红皂白，拔剑误杀无辜，这就是一出由猜疑心理导致的悲剧。

猜疑心理无疑是人性的弱点之一，自古以来都是害人害己的祸根，一个人一旦坠入猜疑的陷阱，那必定会神经过敏，事事捕风捉影，对他人失去信任，对自己同样心生疑窦，从而损害正常的人际关系。生活中那些猜疑心理很重的人，整天疑心重重，无中生有，认为人人都是不可信、不可交的。比如，有的人见到别人背地里讲话，就会怀疑是在讲自己的坏话；有人对他态度冷淡一些，就会觉得是不是对方对自己有了看法。他们总觉得别人在背后说自己的坏话，或给自己使坏。同时，有猜疑心理的人尤其留心外界和别人对自己的态度，别人脱口而

出的一句话他很可能都要琢磨半天，努力发现其中的潜台词。实际上，猜疑心理，就是人为地为人际交往制造了障碍。

他和她认识在浪漫的大学时代，然后在一大帮朋友的撮合下开始了热恋，他们十分相爱，朋友都说她就像是他的影子，总是跟在他身边，形影不离。有人说，距离产生美。但他们却异口同声地反驳：有了距离，美也就没有了。

她不喜欢他抽烟，特别是在公共场合，那他就不抽，只要她高兴；她还不喜欢他上网打游戏，说那样会玩物丧志，他也可以不打，因为他认为她说得很对。她不让他做的事情，他从来不坚持，因为他觉得她也是为了自己好，他应该尊重她。渐渐地，他已经习惯了她这样左右自己的生活，而她觉得只有这样，才能充分说明自己在他心目中的位置。

大学毕业后，他们开始工作了。他的工作很忙，有时不能准时下班。刚开始，她只是埋怨他没有时间陪她，但是后来，这种埋怨逐渐升级为猜疑。有一次，他加班回来已经是深夜一点了，他一进门就看到她坐在床上，他问她为什么还没有睡，她阴阳怪气地说想等他回家闻闻他身上有没有香水味，他只当她开玩笑，脱衣服去洗澡，可洗完之后却发现她正在床上翻自己的口袋。那天晚上，两个人都无法入睡。

后来，她每天都会打数十个电话查岗，他终于有一天忍无可忍，生气地吼道："我在单位，你可以放心了吧？"这样的行为愈演愈烈，每天都会有歇斯底里的争吵，他们本来深厚的感情一点点地被扼杀了。

在爱情的世界里，我们都有过感动、有过信任，但在某些时候，这样的信任远远不及自己的猜疑。到底是什么扼杀了爱情？其实，真正的原因就是自己抓得太紧了，没有足够的呼吸空间，爱情因窒息而死。有些人以为，只要有爱，没有什么不可以的，但是，爱情和人一样，也需要空间和氧气，这样才能获得最起码的生存保障。

嫉妒让你无法交到真心以待的朋友

古人云："人有才能，未必损我之才能；人有声名，未必压我之声名；人有富贵，未必防我之富贵；人不胜我，固可以相安；人或胜我，并非夺我所有，操心毁誉，必得自己所欲而后已，于汝安乎？"嫉妒，它是毒害纯洁感情的毒药，是吞噬善良心灵的猛兽，是丑化面容的黑斑，其来源于你心中的狭隘与不自信。其实，嫉妒是无能的表现，因为自己不能达到对方的高度，不能获得对方的荣誉，所以只好用嫉妒心理来维护自己的自尊。培根曾说："在人类的一切情感中，嫉妒之情恐怕是最顽强、最持久的了。"嫉妒是一种心理病态，基于内心的狭隘和不自信，人们很容易产生嫉妒的心理，总觉得自己处处不如别人，埋怨上天的不公平。虽然，"嫉妒之心，人皆有之"，但是，如果这种心理不及时根除，就会越来越束缚我们的内心，使我们透不过气来。

嫉妒心理是具有等级性的，也就是说，只有处于同一竞争领域的两个竞争者才会有嫉妒心理和嫉妒行为。通常情况下，人们只会嫉妒与自己处于同一竞争领域的比自己表现优秀的人，而不会嫉妒与自己不在一个领域中的人。周瑜嫉妒诸葛亮，也是因为诸葛亮与自己处在同一个领域，而且，诸葛亮的能力比自己强，而他不会去嫉妒与自己不处于同一领域的人，比如曹操、孙权。

赤壁之战结束后，孙、刘两家均欲取荆襄之地，如此一来，才能凭借长江之险，与曹操抗衡。刘备屯兵在油江口，周瑜知道刘备有夺取荆州的意思，便亲自赶赴油江与刘备谈判。谈判之前，刘备心中忧虑，孔明宽慰他说："尽着周瑜去厮杀，早晚教主公在南郡城中高坐。"后来，周瑜在攻打南郡时付出了惨重的代价，不仅吃了败仗，而且，自己还身中毒箭，不过，周瑜还是将曹仁击败。可是，当周瑜来到南郡城下，却发现城池已经被孔明袭取，周瑜心中十分生气："不杀诸葛村夫，怎息我心中怨气！"

周瑜一直想夺回荆州，先后与刘备谈判均无好的结果，这时，刘备夫人去世。周瑜便鼓动孙权用嫁妹之计将刘备诱往东吴而谋杀之，继而夺取荆州。没想到此计又被诸葛亮识破，将计就计让刘备与吴侯之妹成了亲。到了年终，刘备以孔明之计携夫人几经周折离开东吴，周瑜亲自带兵追赶，却被关羽、黄忠、魏延等将追得无路可走。顿时，蜀军齐声大喊："周郎妙计安天下，赔了夫人又折兵！"这次，周瑜气得差点昏厥过去。

过了一段时间，周瑜被任命为南郡太守，为了夺取荆州，周瑜设下了"假途灭虢"之计，名为替刘备收川，其实是夺荆州，不想再次被孔明识破。周瑜上岸后不久，就有大队人马杀过来，言道"活捉周瑜"，周瑜被气得箭疮再次迸裂，昏沉将死，临死前还长叹："既生瑜，何生亮！"

莎士比亚说："您要留心嫉妒啊，那是一个绿眼的妖魔！"周瑜本聪明过人、才智超群，但却心胸狭隘，对于比自己技高一筹的诸葛亮心生嫉妒，最终只能落得个气绝身亡、怀恨而死的下场。嫉妒是一种心理病态，宛如毒药，周瑜被嫉妒的心态所蒙蔽，最后，无异于自饮毒酒。我们不难发现，嫉妒来自于两方面：一是心胸狭窄、狭隘；二是对自己不够自信。试想，如果周瑜心胸开阔，对自己充满自信，他也不会英年早逝。

好嫉妒的人，他们不能容忍别人的快乐与优越，在嫉妒心理的刺激下，他们会用各种方式去破坏别人的快乐与幸福，有的人会用流言蜚语来恶意中伤他人，有的人采用打小报告的方法排挤对方。好嫉妒的人，他们的心理既自卑又阴暗，几乎享受不到阳光的美好，也体会不到生活的乐趣。嫉妒是人性的弱点之一，它是一种比较复杂的心理，包括了焦虑、恐惧、悲哀、猜疑、羞耻、怨恨、报复等多种不愉快的情绪。他们嫉妒的对象可以是天生的身材、美丽的容貌以及他人身上显露出来的聪明才智等。另外，一些社会评价的各种因素，诸如金钱、地位、荣誉等也会成为他们嫉妒的对象。

我们该如何克服嫉妒心理？

1. 培养自己豁达的心态

嫉妒心常常来自生活中某方面的缺乏。当我们产生嫉妒心理的时候，也许是因为别人得到了你想要的地位或荣誉。于是，总是有种"缺乏感"来扰乱我们的想法、感觉，它将引起嫉妒心这种强烈的负面心理状态，使我们被嫉妒心纠缠，并不断强化和持久化这种负面心理。其实，为了摆脱这种负面的心态，我们需要培养自己豁达、洒脱的心态，懂得"天外有天，人外有人""强中自有强中手"，相信自己还有机会，这样嫉妒之心就会慢慢消减了。

2. 转移自己的注意力

如果我们还有很多事情要做，自然就没有时间去嫉妒别人了。为了缓解失败带来的心理失衡，我们可以找一些事情来做，使自己不再嫉妒别人。因此，在工作之余，积极参加各种有益的活动，努力学习，使自己真正变得充实，这样会使嫉妒心被逐渐瓦解，我们的心境也就慢慢被提升了。

第3章

别不好意思,"爱"就是要说出口

　　爱,想必没有哪个人不懂这个字的含义。但是,在现实生活中,有多少人又是"爱在心中口难开"呢?中国人历来保持着传统的思想,总认为父母爱子女,姐姐爱妹妹,老公爱老婆等众所周知的情意,根本不需要说出来。其实,在很多时候,"爱"也是需要说出口的,别不好意思说"爱"。

对孩子多说些关爱之言

作为父母，对孩子的心性仔细了解，说些贴合孩子心理的话，就会渐渐使孩子养成好性情，有利于孩子的健康成长。孩子会由于父母不同的教养方式呈现出不同的性情。良好的教养方式，能够促进孩子的健康成长和发育；不良的教养方式，会改变孩子的性格，使活泼可爱的孩子神情抑郁，苦闷不堪。或许，身为父母，我们都曾无数次想象孩子美好的未来及其成功的样子，但是，即便我们想得再好，却往往改变不了现实。不管怎么样，首先得让孩子成为一个有爱心的人，而这就需要父母的正确教育和引导。在生活中，对孩子要经常嘘寒问暖，尽显父母情。

我们在教养孩子时，如自己对孩子说话温柔可亲，不焦急，不暴躁，说话切合孩子的心理，孩子就会养成好秉性，表现出活泼开朗、积极向上的性情。如果不了解孩子的心理，自己的心情抑郁，沉闷不乐，不顾孩子的心理和感受，对孩子爱理不理，态度冷淡，孩子的心理就会受到打击，心情就会变得压抑，性格也会忧郁，将不利于孩子的健康成长。

小佳喜欢唱歌，在音乐课上，他优美的歌声常常得到老师的称赞和同学们的羡慕。在学校组织的音乐竞赛中，他从众多的参赛学生中脱颖而出，成了学校的小歌星。妈妈李萍看到了小佳的长处，及时对他进行鼓励，妈妈的夸奖增强了小佳的自信心。

李萍为了培养小佳的兴趣，给小佳聘请了专门的音乐老师，在学习唱歌的同时，小佳也学到了很多乐理知识，学会了唱歌的技巧和多种唱法，并能够娴熟地弹唱，形成了自己独特的演唱风格。小佳的进步让李萍看到了希望，在李萍的鼓励下，小佳踊跃报名参加了市里的正式比赛，在遴选出的小童星名单中，他赫然在列。

拥有了荣誉的小佳再接再厉，开办了自己的专场音乐演唱会，赢得了音乐爱好者和有关专家的好评。看到小佳的进步，李萍感到由衷的高兴。取得名誉的小佳谦虚有礼，戒骄戒躁，不仅在音乐方面发挥了才能，也养成了良好的性情，受到了家长和老师的喜爱。

用欣赏的口气，恰到好处地多鼓励孩子，孩子受到赞赏，受到重视，就会积极上进。如果父母对孩子措辞严厉，让孩子不知所措，孩子的上进心就会遭到打击，以致其心理蒙上阴影，对自己失去信心。事例中的李萍，在看到小佳有音乐方面的才能之后，就对他进行了及时的鼓励，言语中流露出欣赏，让小佳充满信心地拥抱到了成功。

陈然发现儿子李允这几天忙于踢足球，连学习都不放在心上，觉得很奇怪，最令她吃惊的是，当陈然问儿子足球的来历时，儿子竟然轻松地说，是自己从学校里拿出来的。这引起了陈然的高度重视，她知道，学校的足球是不能随便带回家的。于是，她决定和儿子好好谈谈。当李允满头大汗地带着足球回到家时，陈然已等候儿子多时。

看到陈然正襟危坐的样子，李允意识到了自己的错误。他抱着足球站在那里，不知道该如何是好。陈然让李允坐下，委婉地指出了李允所犯的错误。意识到了自己的错误后，李允向陈然坦白了自己的心思。陈然又帮助他分析了他犯错的原因，发现李允只是出于对足球的热爱才犯了错，便让他把足球归还学校。

李允听了陈然的话，非常懂事地把足球还给了学校。陈然又给李允购置了一个新足球，李允很开心，感谢妈妈对自己的理解。李允在抓好学习的同时，又提高了球技，还加入了学校的足球队，身心都得到了培养。看到李允健康成长，陈然露出了欣慰的笑容。

对待犯错的孩子，父母不能一概而论，要分析孩子犯错的原因，让孩子从思想和心理上认识到自己的错误，进而改正它。如果我们对孩子的错误不进行认真细致的分析，孩子认识不到自己的错误，就难以改正。事例中的陈然在发现孩子李允偷拿了学校的足球后，及时让其认识并改正了自己的错误。为了培养李允的兴趣，陈然又给李允购置了新足球，满足了李允的兴趣爱好。

如何正确引导孩子养成好性情呢？概括起来便是以下三点。

1. 说贴合孩子心理的话

了解孩子的心性，说贴合孩子心理的话，是培养和塑造孩子性格的良好途径。对孩子的心性不了解，不明白孩子的优劣点，说话不符合孩子的心理，孩子就难以接受，这样父母和孩子沟通就非常困难。只有了解孩子的心性，说贴合孩子心理的话，父母才能成功地与孩子进行无障碍的交流，倾听孩子的心声，培养孩子的兴趣，让孩子健康地成长。

2. 对孩子多说鼓励欣赏的话语

孩子有着强烈的好胜心，总想做出一些不平凡的事情，但是因为自己的年龄或能力有限，结果往往事与愿违。有的孩子会因为一时失利而对自己失望。作为孩子的父母，我们要对孩子及时鼓励，不要因为孩子一时失败就对孩子严厉斥责。要让孩子树立信心，勇于尝试新事物。对于孩子的进步，要进行及时的鼓励，用欣赏的口气，恰到好处地多鼓励孩子，使他拥有自信心。

3. 孩子犯错了，也要温和教育

孩子犯错，究其原因，不外乎两种：一种是因为自己没有经验，能力达不到而犯错误；另一种是明知故犯，已经明晓事情的结果，却故意犯错，做事时发怒气，泄私愤，对别人进行打击报复。对待犯错的孩子，父母不应该视若不见，要及时提醒孩子，不要再犯同样的错误或无意义的错误，应该让孩子在错误中获益，让孩子明白知错必改的道理。

常常和父母说些贴心的话

子曰:"父母在,不远游,游必有方。"年少时我们不懂得这句话的含义,不明白为什么总是要留在父母身边。小时候,我们总会幻想着云游四方。长大后,带着这个梦想,我们迫不及待地离开了父母,殊不知,归期不可知。再读"父母在,不远游,游必有方",方知其中的奥秘。许多人背井离乡,远至海外,为了追求他们的梦想,追求事业有成,追求前途无量。他们总是在想:等自己有了钱一定好好地孝敬父母,买了大房子一定接父母来住,忙过了这阵子一定回家看望父母……要知道,父母不会在原地等我们。也许,等自己人生辉煌的时候,父母却早已离你而去了,我们心中只会留下"子欲养而亲不待"的遗憾。正因为如此,在生活中,我们更要经常对父母说一些贴心的话,慰藉他们的心。

在生活中,我们往往忽视了对父母的关爱。其实,与年轻人相比,父母的孤独感更为严重,这尤其表现在空巢父母身上。有的父母虽有子女在身边,但是子女常常忙于自己的工作和生活,对父母无暇过问,这难免使父母感到孤独寂寞。我们要明白，父母需要的不仅仅是物质上的给予，更需要精神上的安慰。所以，我们要关爱长辈，对父母多说几句贴心话，温暖父母的心，让父母享受到快乐和幸福。

艳丽和陈旭相爱成婚后，陈旭对她非常好，常带着她外出度周末，两个人玩得很开心。每次回到家，陈旭的父母都做好了饭菜等他们。艳丽吃饭时常常兴高采烈，把和陈旭在外面遇到的一些新鲜事情讲给他们听。陈旭的父母没有外出的机会，即使偶尔出去，也是在家附近散散步，听着艳丽讲的趣事，感觉很快乐。

然而，没过多长时间，艳丽就发现，公婆的脸上不再挂满笑容，有时对艳丽讲的事情表现得很麻木。艳丽以为公婆生病了，就仔细地询问原因。原以为艳丽和陈旭只顾自己玩乐，不会关心他们，现在听到艳丽关切的话语，陈旭的父母非常高兴，心里也暖暖的，就把自己参加老年健身运动的想法告诉了艳丽。

艳丽忙和陈旭商量，为公婆购买了健身服装和日常用品，看到艳丽这么尽心，陈旭的父母逢人就夸自己的儿媳好。艳丽没想到自己的举手之劳以及几句体贴的话语，竟然得到了公婆发自内心的赞扬，她由衷地感到高兴。

在生活中，我们不要只顾自己寻开心，也要让父母快乐，关爱长辈，对父母说几句贴心的话语，父母的心里就会感到温暖，不再孤独。事例中的艳丽，关切地询问公婆不高兴的原因，在了解了公婆的心思后，几句贴心的话语就温暖了公婆的心。在为公婆购买了健身服装之后，公婆对她更是赞不绝口。

关爱长辈，孝敬父母，对父母说几句贴心话，不但能够温暖父母的心，而且可以使自己和长辈的关系更和谐。在生活中不懂得关爱父母，只顾自己享受，和父母说话粗声大气、恶声恶语，不仅不会得到父母的喜爱，还会受到别人的指责。我们对父母要言语柔和，在温暖父母的心的同时，也能排解父母的寂寞。特别是忙于工作的我们，在照顾好自己的同时，还要注意关爱父母，让父母幸福地度过晚年。

1. 对父母说"我爱你"

中国人一向羞于表达情感，即便这份感情一直存在。但是，假如你不说，父母怎么会知道你的情意呢？父母从来不会埋怨任何一个子女。这是一种无私的爱，但是，千万不能因为无私而觉得那份爱理所当然。在工作空闲的时候，不妨抽出时间给家里打个电话，回一趟老家或者父母所在的地方。趁着父母健在，及时行孝，对父母说："我爱你。"

2. 用温情话语为父母驱除孤独感

关爱长辈，说几句贴心话温暖父母的心，是我们关心父母、表达孝心的体现。为了使父母度过幸福的晚年,我们要考虑到父母的精神生活。除了让父母拥有足够的物质生活,还要想方设法调节父母的心情,让父母保持愉悦的心情。这就需要我们多费心思,在父母面前,多说温暖的话,了解父母的需求。而在现实生活中,我们经常会发现,一些子女为了孝敬父母,给父母购买了很多娱乐用品,这对于爱好休闲娱乐的父母来说,也算是一种幸福。但是,这些毕竟是娱乐用品,不能完全满足父母的需求。如果身边没有亲情的陪伴,父母总会感觉生活中缺少些什么。所以,我们要延长和父母相处的时间,那样父母就不会感到孤独无助。

3. 与父母说话,注意语气

有些人由于自己性格倔强,脾气暴躁,和父母说话时,总是恶声恶语,这不仅不能让父母感觉温暖,还可能伤害父母。此时,我们再为自己的行为后悔,也是无济于事。因此,我们和父母说话要注意方式,言语不能过重,不能让父母难以接受,更不要纵容自己在父母面前大发脾气或者因对父母有意见而言语粗俗。我们要懂得礼仪,对待为儿女操劳了一辈子的父母,说话要和气可亲,让他们感受到家庭的温暖,感受到子女的关怀。

多沟通不猜忌也是一种爱

婚恋中的男人和女人，彼此之间多一些坦诚沟通，多一些理解，少一些猜疑，两人的感情会越来越深厚。如果女人凡事过于较真，与男人缺乏沟通，就会互相猜疑，从而不利于感情的发展。婚姻需要用心经营，女人和男人在柴米油盐的平凡生活中，要多沟通，让彼此明白自己的感情，让爱人知道自己对他的欣赏。这样可以巩固夫妻间的关系。女人对男人的感情表达，不是完全靠言语，有时，动作、表情也能表现出女人对男人的爱恋。但是，言语表达最能显示出女人对男人的情感。

晓晓和李玉结婚后，两人对婚后生活都很满意。晓晓对李玉很体贴，每天对他嘘寒问暖，让李玉感受到了婚姻的甜蜜。晓晓对李玉说的话，李玉常常铭记在心。但是，最近由于工作繁忙，李玉极少回家和晓晓相聚。即使回家，也没时间和晓晓闲聊，这让晓晓感觉生活很无趣。

为了调剂生活，晓晓想让忙于工作、专心事业的李玉陪自己出去旅游。当她向李玉提出要求时，李玉显得很冷淡，这让晓晓非常失望，觉得李玉忽视了自己。两人之间的话语变少了，似乎出现了隔阂。此后，晓晓有什么心思也不愿意告诉李玉了，家里笼罩着一种沉闷的氛围，晓晓和李玉都感觉心里很不舒服。

这种生活当然不是晓晓想要的，晓晓决定和李玉好好谈谈，从而改变家里的气氛，也让李玉忙于工作的紧张心情得到调节。她冷静下来，调整了自己的心态，在和李玉沟通时言语柔和，劝慰李玉工作太忙时，要注意身体。受到晓晓的呵护，李玉疲惫不堪的心情终于松懈下来，和晓晓谈起了工作中遇到的事情，请求晓晓谅解他的难处。晓晓这时也畅所欲言，把自己心里的想法告诉了李玉。两人进行了很好的沟通，很快便和好如初。

婚恋中的女人和男人沟通时，要做到坦诚无私，不要对男人的行为心存疑虑，横加指责，否则，只会伤害夫妻之间的感情。女人心里坦诚，光明磊落，就不会隐藏什么事情，不会存在什么疑虑，男人就会觉得女人对自己忠诚。如果男女能以如下方式沟通，就会彼此更和睦。

1. 对男人形象的赞美

男人对外貌的在意绝不亚于女人，对其外表的赞美最好具体点，类似于"你真帅"之类的模糊称赞，不一定能引起对方的兴趣，能这么说的女孩太多了，你可以表现得更亲密一点，"我喜欢你的头发，很柔软，很干净，闻起来味道很好。"或者"你的声音真好听！""你肩膀真宽！""你的鼻子真挺！"后面三项，除了赞美之外，还是男女性别差异比较强烈的地方，带着某种暧昧的暗示。

2. 对男人的崇拜

男人对来自于女人的崇拜，往往不能抗拒，即使不那么亲密的女人表示了对他好感和崇拜，也能把双方的距离拉得很近，何况是心爱的女人的崇拜呢？

多说类似于："你真幽默。""你这人真逗。""你怎么什么都懂啊？""你真能干！"之类对于对方性情、能力肯定和欣赏的话。男人或多或少都具备点"骑士精神"，喜欢在女人面前出其不意地一展"绝学"，喜欢在异性面前展现自己最有魅力的一面，这类甜言蜜语，正是对男人魅力的正面夸赞，往往会成为男人的一针兴奋剂，直接变成他上进的动力和对你的爱意。会欣赏和崇拜自己男人的女人，才是真正温柔的女人，才能赢得甜蜜的爱情。

3. 表示依赖的话

"我想你了。""没有你我怎么办？"具有轻柔浸入人心的力量。男人并不喜欢把"爱"挂在嘴边，但不排斥淳朴简洁的"想你了"，他们不仅不会拒绝，还会非常得意，因为这句话表达了女人对自己的依赖和依恋，这种依赖，满足了大男人的虚荣心，没有男人会不喜欢。

4. 对对方判断和能力的肯定

"你是对的。""这个想法很新鲜，也很实际。"这种语调客观的评论，更能表现出你对对方的认可。赞美和崇拜，满足的是男人的虚荣心，客观的肯定则满足男人对于"知音"的渴望。

不管他是在抱怨办公室的不公还是在发表自己对于政治、技术的高见，只要你附和一声，往往意味着你肯定和承认了他的努力，你是站在他那边的，而且深信他是最精明、最有远见的，永远是你最值得依赖依靠的男子汉。如果能在说出这句话之前，沉默几秒钟，思考一下，更能表现出自己的慎重，往往很容易被男人"引为知音"。

5. 肯定对方的吸引力

"和你在一起真开心！""我们离开这吧，我想和你单独在一起！"两句话同样动人，前一句表示你喜欢和他在一起，他的行为或思想很有吸引力，和他在一起，你是快乐的。后一句表示他本身的吸引力不可抗拒，尤其当你们一起参加一些无聊的派对或者看一部非常枯燥的电影时，这句温柔的提醒，往往会使他心情激动。

争吵中表达爱的小技巧

长久生活在一起的小两口难免磕磕碰碰，产生一些小摩擦、小矛盾。怎样把小吵小闹变成巧吵巧闹来增进夫妻情趣呢？这就需要其中的一方有一颗宽容的心和一种幽默的情趣，有能力化戾气为祥和，使双方的感情在小吵小闹中升温。

怎样运用语言技巧，化解对方的埋怨、怨气和不平呢？

1. 用称赞应对批评

任何人都难免做错事，恋人之间也往往会因为对方做错事而产生批评、抱怨，如果听不进批评，甚至针锋相对，就很容易发生争吵。这时候，不妨用称赞对方的方式来应对，使得对方不好意思再抱怨，也避免了一场争吵，不伤害彼此间的感情，是很好的处理方式。

某男朋友批评女朋友："你怎么那么笨，配合都不会，这游戏多好打呀，我攻得多好，如果你守得稍微好一点，咱们肯定就赢了！"女朋友接过话茬："人家不都说了吗？月老给牵红线的时候，都是搭配着来的，一个勤的拉着一个懒的，一个聪明的拖着一个笨的。月老看我这么笨，所以才派了你这么聪明的老公给我嘛,咱俩才能在一起。我要是精得冒光,您也得敢要!"

一句话使男朋友一肚子的怨气都散光了,捧一下对方,也就为自己的错误找了个借口,更利于增进双方情感。

2. 用幽默应对牢骚

两个人在一起久了,生活中的一些小习惯的差异以及工作中的压力,常常会变成牢骚发出来。女人如果能用智慧的语言和对方幽默一下,就既能避免争吵,又能消除对方心中的压力和焦虑,使对方的心情变好,何乐而不为呢?

小丽的男朋友因为工作压力大,一段时间常常借故发火,争吵几次后她才明白,对方并不是冲她,于是改变了策略。在一次男朋友发脾气说她"又懒又笨,嘴馋还没有上进心,我当初怎么看上你的啊!"时,她非但没有顶回去,反而笑嘻嘻地说:"您当时就摸黑摸了一个呗!看我就是打着灯笼找的,看咱找的这老公,又聪明又勤快,嘴皮子还挺利索,除了爱迁怒人,没别的缺点。"男朋友一听,小丽既没有发火,又指出了自己在借故迁怒,也不好意思继续发脾气了,便偃旗息鼓继续想工作上的事情了。

3. 用特别的解释应对抱怨

某女孩和男朋友出外旅游,不是走错路线,就是耽误了食宿。这时候男友抱怨道:"哎呀,怎么和你在一块儿老是碰到倒霉的事呢？"这时候不妨斗斗嘴："对啦，我们就是夫妻命嘛！""什么叫夫妻命？夫妻就该倒霉吗？""夫妻就是要共患难呀！想想看，要不是有你在身边，我一个人哪里应付得了这些？"这样就把一场本来可能演变成吵架的小别扭，变成了充满情趣的斗嘴。斗嘴是一种有趣的语言游戏，它往往把某些不合理的东西结合在一起，有些不讲理，但又充满浓厚的小恋人情趣。

我们如果不想把一些小争吵变成大动干戈，就要本着适度的原则，或用自己的智慧，将它转化为一种能够增进夫妻情趣的巧斗嘴，这样既不影响感情，又能增加生活情趣。

爱他不妨多说些甜言蜜语

女人似水，用自己的柔情温暖着男人、滋润着男人的心田。女人的话语，如蜜露，如甘汁，让男人感受着恋爱的甜蜜，婚姻生活的温馨。然而，婚恋中的女人受不得一点委屈，心里稍有不顺，眼泪就会如泉水般涌出。男人最害怕女人的泪水，此时的男人，会束手无策。聪明的男人，不会让自己心爱的女人流泪，那些让女人流泪的男人，不会听到女人的甜言蜜语，他的婚恋生活也会变得悲苦。为了婚恋的幸福，女人要让男人感受生活的温馨，用自己的甜言蜜语去抚慰男人的心灵，让他感受到柔情蜜意。男人不易读懂，在女人看来，男人深藏不露，需要女人花心思去猜测、去了解。好女人，会有耐心地去品味男人，看到男人的坚强和脆弱，她会用自己的柔情去感化男人，用自己的蜜语去温暖男人，共同营造甜美的生活。

晓丽和张雨成婚后，两个人配合得很默契，生活过得很美满。但是没过多长时间，晓丽就发现，张雨回家的次数越来越少，即使回家，停留的时间也越来越少，晓丽和他说话，他也充耳不闻。两个人的生活逐渐变得平淡,家里再也没有了以前的欢声笑语,一切似乎都沉寂了下来,空气似乎也变得有些紧张。

晓丽心里也很烦恼,和张雨说话也变得粗声大气,家里变得一团糟。张雨一回到家里就少言寡语,晓丽弄不清楚张雨的心思,自己也是闷闷不乐。为了弄明白张雨的心思,这天,她把家里收拾得干干净净,重新布置一新,等候张雨回来。张雨下班回到家之后,感觉耳目一新,话语也多了起来。通过和张雨交谈,晓丽了解到张雨在工作上遇到了难题。于是,晓丽好言相劝,一番甜言蜜语,使张雨紧张的心情得到了缓解。

重新感受到了晓丽的温柔体贴,张雨心里充满了柔情蜜意,工作上的辛苦也变成了一种乐趣。闲暇时,张雨又带着晓丽一块儿外出旅游,感受大自然的美好,他们的生活又充满了快乐。

女人的甜言蜜语,可以使男人感到生活的甜蜜,生活的美好。对男人说话难听、声音粗劣的女人,会伤害男人的自尊,让男人感到劳累。原本男人已经背负有太多的责任,如果女人不懂得呵护男人,只会给男人增加负担,让男人对婚恋生活失望。事例中的晓丽,就是用自己甜蜜的话语化解了张雨的劳累,使张雨重新感受到了柔情蜜意,二人也重归于好。

该怎么做呢？可以从以下三点考虑。

1. 要理解男人的心思

婚恋中的女人，要理解男人的心思，用自己的甜言蜜语去感化男人，尽心呵护男人，让他感受到自己对他的柔情蜜意，男人的心思就会变得缜密，就会对女人多一分疼爱。感受到柔情蜜意的男人，才会对女人有更多的爱意，在事业和生活中才会有积极向上的动力。做一个水一样的女人，用自己的柔情去化解男人的愁苦，让男人在为了家庭和事业拼搏的时候，感受到自己的柔情蜜意，婚恋中的女人和男人将会幸福如潮。

2. 说话和气，温婉动听

在婚恋中不懂得男人的心思，对男人说话粗鲁无礼的女人，对于男人来说，无异于一种折磨，会让男人处处感到不顺心，不如意，他们的婚恋生活也不会长久。懂得男人心思的女人，说话和气，温婉动听，她的甜言蜜语会使男人感到舒服。因此，女人要读懂男人的心思，用自己的甜言蜜语去感化男人，即使心如磐石的男人，也会感受到女人的柔情蜜意，被女人的真情实意所感动，放下自己的尊严，露出自己脆弱的一面，在女人的甜言蜜语中与女人融为一体。婚恋中，女人的甜言蜜语就如同调和剂，在生活变得暗淡无光、百味俱失的时候，为生活添色添香，让男人感受到生活的多姿多彩以及爱人的柔情蜜意。

3. 多欣赏，少抱怨

感受到柔情蜜意的男人，会更加珍惜女人，爱惜女人。若婚恋中听到的只是女人的埋怨、唠叨，男人会变得厌烦，会对女人不理不睬，二人的生活也会因此失去光彩。男人对女人肩负着沉重的责任，如果女人说话尖刻嘲讽，抱怨不已，就会为男人增加负担，让男人感觉更累。用自己的甜言蜜语化解男人的劳累，分担男人的忧愁，让男人感受到柔情蜜意，男人就会对女人百般珍爱。

对家人多说点温情暖语

沟通不良、缺少温情的对话是众多家庭问题的"祸根",它常常引发各种家庭矛盾冲突,导致"家庭不宁"甚至引发各种婚姻问题。其实,与家人说话时,只要多一点善意和技巧,多一些真情交流和柔情蜜语,未必不能改变家人疏离冷漠甚至矛盾重重的现状。如果带着情绪,如上班时的怨气、怒气、不忿与家人交流,就容易发火,对方也容易被你激起怒气。不把坏情绪带回家,情绪坏时,尽量少开口或不开口。如果家人带着怒火说话或者寻衅,最好心平气和、客观地和对方讨论,如果对方执意寻衅,避开对方就可以了,事后再进行交流,矛盾隔阂也就消除了。

家庭成员之间的关系既亲密,又敏感,如果不特别注意沟通方式,很容易引起误会和争吵。谨记家庭中的一些禁忌语言,切忌使用不恰当的表达方式,才能使家庭成员之间更融洽亲密。

1. 不要唠叨

相信每个人都受过唠叨的荼毒,从现在开始,女人不要用唠叨折磨自己的老公和孩子了。无论你重复多少遍,对方都不会更重视你所说的,除非你能证实那非常重要。停止脱口而出的无用数落，尝试着用赏识鼓励的话语、幽默的说笑、拥抱爱抚的肢体语言、共同的游戏体验等方式，去代替喋喋不休的、无滋无味的、让人反感反抗的唠叨吧。

2. 不要攀比

攀比是最容易引发家庭矛盾的话题，谁家的老公最有能耐，年薪能拿多少；谁家的公公婆婆买房时补贴了多少；谁家的孩子学习成绩好，乖巧懂事，那么小就知道体贴爸妈了；谁家的小姑子真懂事，逛街都不忘给嫂子捎条裙子……攀比是一切不平衡和烦恼的来源，不但使自己陷入烦躁，被比较的人也会不耐烦。

曾有个孩子，对家长的攀比反驳道："你看我这也不是，那也不顺眼，干脆让别人当你儿子得了。你看人家妈妈是公司艺术总监，您是不是也得弄个部门主任当当？"一下戳中妈妈的心病，她才知道被别人比较的滋味多么难受。

3. 不要旁敲侧击

有些人说话喜欢旁敲侧击，指桑骂槐，让听话的人不好反驳，也不好解释，忍着又生闷气，最后难免来个"大爆发"。例如，平时就喜欢在婆婆面前，指着儿子说"男孩子就是不懂事，怪不得人都疼闺女"或者当着公婆责骂丈夫"你有没有良心，我辛辛苦苦操持家务，帮你养儿子，你反而给我摆脸子"。

这种旁敲侧击、指桑骂槐，不仅被指责的人不舒服，旁听的人也生气，甚至时间长了，本来一句平常的话，也会产生误会。

4. 不要抢话

一些人总是不等对方把话说完，就不耐烦地打断对方"不要再说了！""你有劲没劲！""我不想听你再啰嗦，老生常谈，你还有什么新鲜话？"常常把本来和谐的气氛弄僵，或者引起误会，引来更大的争吵。

5. 不要揭短

生活在一起的家人往往非常清楚对方的毛病和短处，一旦发生不悦，就容易把矛头指向对方。比如，儿媳转述别人家怎样脏乱时，婆婆来一句："还说人家，你家孩子小时候，你们屋连站的地方都没有！"或者婆婆教训儿媳要尊重自己的儿子时，儿媳反唇相讥："您还说我呢？您哪次骂爸爸，不是街坊邻居都能听见，这是您家传统！"或者笑话小姑："这么尖酸刻薄，怪不得三十好几了还找不到婆家！"踩到别人的痛处，只能让战争升级。相互揭短挖苦的结果只能是使双方都恼羞成怒，伤及家人间的情感。

6. 不涉及其他家人

有的人在争吵时，不但指责对方，而且可能会把对方的老人、亲属也带进来。比如和老公吵架"你和你爸一样不讲理""你和你哥一样失败"等或者教训孩子"看你，跟你爸一样呆头呆脑"。把争吵的矛头指向无关的人，只能让对方更加恼恨，并波及其他家庭成员，引发大混战。

第4章

别不好意思，大方说话才能有所收获

在日常交际中，许多人都会因"不好意思"心理而给自己的交际设置阻碍。在某些关键时刻或重要场合，有些人只是觉得不好意思，便沉默不语，结果丧失了表现自我、结交朋友的机会。所以，活跃在交际场合中，千万别不好意思说话，大方说话才能有所收获。

说好场面话可以快速消除陌生感

你是否有过这样的经历，当你偶然进入一个陌生的场所，那里有你熟悉和不熟悉的朋友，他们看见你来了，立即起身说几句客套话对你表示欢迎，然后请你入座。这样一来，双方的感觉都会不错，感情自然更进一步。"场面话"是交谈的润滑剂，它能在陌生人之间架起友谊的桥梁。由于两人初次见面，对彼此都不太了解，往往会陷入无话可说的尴尬境地。这时我们不妨以一些"场面话"开头，比如："天气似乎热了点！"或者"最近忙些什么呢？"虽然这些"场面话"大部分并不重要，然而正是这些话才使初次见面者免于尴尬的沉默。最为重要的是，会不会说"场面话"是一个人懂不懂礼数的重要表现。从心理学的角度看，人们都喜欢与知晓礼数的人交谈。因此，说好"场面话"，有利于敲开陌生人的心门。

在交际过程中，经常使用客套话、场面话和寒暄语，可以消除陌生心理，促进彼此间的良好交往，正如培根曾说过的："得体的客套和美好的仪容，都是交际艺术中不可缺少的。"所以，会交际的人应当熟悉和掌握好各种客套话。

在古典名著《红楼梦》中，就有许多经典的场面话。在"刘姥姥进大观园"一回中，刘姥姥找到周瑞的娘子时，两人就说了许多场面话。

周瑞娘子迎出来问："是哪位？"刘姥姥忙迎上来回道："你好呀，周嫂子！"周瑞娘子认了半天，方笑道："刘姥姥，你好呀！你说说才几年呀，我就忘了。请家里来坐吧。"刘姥姥边走边笑道："你老是贵人多忘事，哪里还记得我们呢？"来至房中，周瑞娘子命小丫头倒上茶来吃，在问些闲话后，又问姥姥："今日是路过，还是特意来的？"刘姥姥便说："原是特意来瞧瞧嫂子你，二则也请请姑太太的安。若可以领我见一见更好，若不能，便借嫂子转达致意罢了。"

在这段对话中，刘姥姥与周瑞娘子说的大部分都是场面话。刘姥姥通过一番寒暄，让周瑞娘子觉得，刘姥姥虽然是个出身寒酸的人，但还是很懂礼数的。之后双方再聊起正题就显得亲切许多，自然，周瑞娘子也会给刘姥姥一个见主子的机会。一些本来不好说的话，经过一番客套之后，听起来就舒服多了。因此，在交际过程中，一定要重视场面话的作用，特别是当你与陌生人或不熟悉的人交往时，场面话无疑是打开交际障碍的第一把钥匙。

一般来说，"场面话"有以下三种。

1. 当面称赞人的话

诸如称赞小孩子可爱聪明，称赞女士的衣服大方漂亮，称赞某人教子有方……这种场面话有的是说实情，有的则与事实有相当的差距，说起来虽然虚伪，但只要不太离谱，听者十之八九都会感到高兴，而且旁人越多他越高兴。因为事实上，每个人都愿意听赞美的话，尤其是赞美被公开，对方接受起来也会更乐意。

2. 当面答应人的话

和陌生人交往，如果对方希望你帮什么忙，即使你无法做到，也不能当面拒绝。因为场面会很难堪，而且会马上得罪人。你可以说这样一些场面话，诸如"我全力帮忙""有什么问题尽管来找我"等。给足对方面子，不至于让他下不来台，他自然会觉得你是个顾全大局的人。

3. 特定场合的客套话

另外，我们要记住一些在特定场合下常用的客套话。例如，在打扰别人或者给对方添麻烦时，要真诚地说一声"对不起""不好意思"，一旦没有了这句话，对方可能会在很长时间后还对此事耿耿于怀；在求人办事后，要真诚地说声"谢谢""拜托您了"，如果没有这句客套话，对方会认为你求人的态度不够真诚或者认为你不懂礼节，从而对你的印象大打折扣；在作报告或者讲话时，可以先这样客套一下："我的讲话水平不高,讲得不好,还请大家见谅。""如果讲得不好,还望大家多多指正。"……这类客套话表面上看似脱口而出,实际上确实起到了体现自身涵养的作用。

下面是一些特定场合的客套话:

初次见面说"久仰",再别重逢说"久违"。

等候客人说"恭候",客人到来说"光临"。

未及欢迎说"失迎",起身作别说"告辞"。

看望他人说"拜访",请人勿送说"留步"。

陪伴朋友说"奉陪",中途告辞说"失陪"。

求人帮忙说"劳驾",求人方便说"借光"。

请人解答说"请教",盼人指点说"赐教"。

麻烦别人说"打扰",请人办事说"拜托"。

向人祝贺说"恭喜",赞赏他人说"高见"。

会说场面话的人,都是交际场中的老手,即使是陌生场合,不论遇到多高身份的人他们也不会觉得不好意思,更不会冷场。可见,场面话说得好,可帮助你和陌生人顺利地谈话。因此,在与陌生人说话的时候,我们需要牢记一些"场面话",并在三言两语之间,轻松让对方对我们敞开心扉。

热情的寒暄，让"不好意思"心理消失

在某些沉闷的环境里，很多人不愿意开口跟陌生人说话，那是出于一种防备和自尊心理。在这种时候，你应该学会激起说话对象的某种情绪，让他慢慢打开话匣子，这就需要我们多说些积极的话语。因为通常来说，人们在愉快与不愉快这两种情绪中，会下意识地选择愉快的情绪。

举个很简单的例子：设想你在火车上坐了很久，而前面还有很长的一段路程。你想与他人说说话，如果你跟对方说："真是一段又长又讨厌的旅程，你是否也有这种感觉？""是的，真讨厌。"对方肯定会这样回答。接下来，你会发现，无论你说什么，他对你的回应都是草草应付。这是为什么呢？因为你的开场已经给他带来了不愉快的情绪。语言可以表现一个人的人格，积极的语言会感染别人，使他人得到鼓舞和关怀。

那么，什么是积极的语言呢？积极的语言就是能促进彼此交谈，增进彼此友情的，带有积极意义的语言，比如说话要真诚等。

那么该如何与陌生人展开对话呢？可以考虑以下四个方面。

1. 用有积极意义的语言应对

例如，当你和陌生人说话时，对方对你的态度突然间冷淡下来，这时与其一个人冥思苦想："难道我说了什么伤感情的话？"不如试着问对方："我是不是说了什么失礼的话？如果是的话请您原谅。"这样一来，即使对方真的有什么不满，也会烟消云散，因为你的坦诚已经让他原谅了你。

2. 说话要真诚

由于说话态度不同，语言既可以成为建立和谐人际关系的强有力工具，也可以成为刺伤别人的利刃。如果没有发自内心的关怀的心情，那么即使说再多华丽的语言，也会被对方看穿。所以，满怀真诚是最重要的。

3. 夸奖陌生人不要虚情假意

夸奖陌生人，要比赞扬熟人难，因为彼此还不熟识。对此，我们需要细心观察，找出其可赞扬之处。例如，从对方的穿着、打扮、配饰开始："您今天穿的西服颜色真漂亮！"可是，却不能阿谀奉承或溜须拍马，因为对方明白，初次见面你就说出这么多恭维的话，必定是在溜须拍马，会对你产生反感。所以，一定不要虚情假意。

4. 不要说对方不爱听的话

使语言不成为"利刃"的前提条件是什么呢？那就是不要

说对方不想听的话。

对此，我们应慎重选择话题，这样一些话题不宜提及：对方深以为憾的缺点和弱点；上司、同事以及一些朋友的坏话；人家的隐私；不景气、手头紧之类的话题；一些荒诞离奇、黄色淫秽的话题；询问妇女的年龄、婚否、家庭财产等；个人恩怨和牢骚；一些尚未明辨的隐衷是非；令人不愉快的疾病详情；自己的成就和得意之处。这些都是敏感的话题，也是禁忌的话题。不说敏感的话题是建立和谐人际关系的准则。

总之，与陌生人说话，多说积极的话语，令对方振奋开心，这对于我们成功洞悉对方心理，打开交际局面大有帮助，这也是我们必备的一项说话本领！

别不好意思，大方与他人打招呼

在我们日常交际中，免不了频繁地与人打招呼。打招呼表示一种问候，一种礼貌，一种热情。有时候，我们遇到一个久未见面的熟人，或从未见面的陌生人，就不好意思去打招呼，其实，这就是社交上的一个偏差认识。我们千万不要忽视了打招呼的作用，一个小小的招呼就是我们人际交往中的润滑剂。对同事的一个招呼，可以有效地化解彼此之间的敌意；对朋友的一个招呼，可以唤起彼此之间深厚的友谊；对陌生人的一个招呼，可以减少彼此之间的陌生感。总而言之，一个招呼可以使人与人之间的关系更加和谐、融洽。特别是在与陌生人的交往中，一个恰到好处的招呼是必不可少的。

《塔木德》里说："请保持你的礼貌和热情，不管对你的朋友，还是对你的敌人。"如果你能够奉行这一原则，就会在复杂的人际交往中获益匪浅。有时候，仅仅是一个看似不经意的招呼，就会加深你在陌生人心中的印象，会增加陌生人对你的好感。你们之间的关系常常在这种不经意的互动中变得更加密切，这对你赢得陌生人的友谊也大有帮助。

1930年，传教士西蒙·史佩拉每日习惯于在乡村的田野之中漫步很长时间。无论是谁，只要经过他的身边，他都会热情地向他们打招呼问好。他每天打招呼的对象之中有一个叫米勒的农夫。米勒的田庄在小镇的边缘，史佩拉每天经过时都能看到米勒在田间辛勤地劳作。这位传教士就会向他打个招呼："早安，米勒先生。"

　　当史佩拉第一次向米勒道早安时，米勒根本没有理睬，只是转过身子，看起来就像一块又臭又硬的石头。在这个小镇里，犹太人与当地居民相处得并不好，更不可能把这种关系提升到朋友的程度。不过，这并不会妨碍或打消史佩拉传教士的勇气和决心。一天又一天过去了，他总是以温暖的笑容和热情的声音向米勒打招呼。终于有一天，农夫米勒向教士举帽子示意，脸上也第一次露出一丝笑容了。这样的习惯持续了好多年。每天早上，史佩拉会高声地说："早安，米勒先生。"那位农夫也会举举帽子，高声地回道："早安，西蒙先生。"这样的习惯一直延续到纳粹党上台为止。

　　当纳粹党上台后，史佩拉全家与村中所有的犹太人都被集合起来送往集中营，最后他被关押在一个位于奥斯维辛的集中营中。从火车上被赶下来之后，他就站在长长的行列之中，静待发落。在行列的尾端，史佩拉远远地就看出来营区的指挥官拿着指挥棒一会儿指向左，一会儿指向右。他知道发派到左边就是死路一条，发配到右边还有生还机会。他开始紧张了，越靠近那个指挥官，他的心就跳得越快，自己到底是左边还是右边？

终于，他的名字被叫到了，突然之间血液冲上他的脸庞，恐惧消失得无影无踪了。然后那个指挥官转过身来，两人的目光相遇了。他发现那位指挥官竟然是米勒先生，史佩拉静静地对指挥官说："早安，米勒先生。"米勒的一双眼睛看起来依然冷酷无情，但听到他的招呼突然抽动了几秒钟，然后静静地回道："早安，西蒙先生。"接着，他举起指挥棒说："右！"他边喊边不自觉地点了点头。"右！"的意思就是生还。

一句简单的问候，小小的招呼"早安"，竟挽救了自己的生命。其实，礼貌和热情都是人际交往的润滑剂。正是那句真诚的问候感动了米勒，史佩拉才得以生存下来。因此，当我们面对周围的陌生人时，尽可能地展现我们的礼貌和热情，主动打个招呼吧。

对于我们每个人来说，向一个陌生人打招呼都不是一件困难的事情。这只需要我们在见面时互相问一声"早上好""中午好""晚上好"，即便一个微笑、点头，那也是一个招呼。有时候，我们并不用挖空心思去与对方寒暄，只是打声招呼，就足以唤起对方心中的温暖。没有一个人能够拒绝温暖的微笑和热情的问候，这不仅仅能够博得对方的好感，也会温暖对方冰冷的心。

向他人打呼，有哪些好处呢？

1. 消除彼此的陌生感

也许，我们初次打招呼的时候，双方都会觉得不自然，毕竟彼此是陌生的，没有多少感触。但是，当你们第二次在大街上相遇，你不经意喊出对方的名字时，对方就会倍感亲切，并且这种亲切感会随着你们不断地打招呼、寒暄变得更加强烈，以至于你们再见面时，就会完全没有了疏离感，甚至有可能会成为好朋友。其实，人与人之间的关系就是这样建立起来的，仅仅一个招呼，就足以让双方不再陌生。

2. 拉近双方之间的距离

在日常生活中，领导和下属打招呼，看似是一种很少见的举动，实则可以悄悄地拉近上下级之间的距离。这时候，领导不再高高在上，而是像朋友一般亲切。领导与下属之间的关系是企业管理的核心，如果下属一味地惧怕你，那么，你就不能实施有效的管理与沟通。当领导与下属因为一声招呼、一句问候成了朋友，他们之间就是一种平等的关系。当工作出现了问题，双方就可以通过讨论来解决。因此，领导者要想管理好一个企业，处理好上下级之间的关系，那就要从打招呼做起。

与陌生人做朋友更要打破不好意思的心理

生活中,我们总会遇到很多陌生人,与他们有着或亲或疏的关系,千万不要不好意思与陌生人做朋友,因为任何一个朋友都是从陌生人发展而来的。通常情况下,我们为了工作、生活,不可能永远局限在自己的狭窄交际圈子里,必须不断地拓展自己的交际圈子,结识更多新的朋友,扩展自己的人脉关系,储备自己的人脉资源。这对于每个人来说,都是必不可少的交际过程。我们每天面对的众多陌生人中就有我们需要结交的新朋友,他们就是我们即将拓展的交际圈子中的一员。那么,如何与一个完全陌生的人交朋友呢?最为关键的一步就是要消除彼此之间的陌生感,让对方对你产生一种亲切感,对你卸下戒备心理,自愿与你形成一种良好的人际关系。

小张是公司采购部的调查员,这次他被委派到乡下调查村民的蘑菇收成情况。由于当天他处理一些事情耽误了末班车,而村子离镇上的招待所又很远,于是他不得不想办法找一户人家住一晚。但是他一连问了好几家,都被主人婉言拒绝了。对此，小张倒也能理解，毕竟谁也不愿意留一个陌生人在家里住宿。可是，天越来越黑了，小张决定最后再碰碰运气。

当小张再次敲开一户农家的门时，开门的是一位老大爷，只见他一脸戒备地问道："你是谁？你有什么事吗？"

这次，小张并没有直接说自己想投宿，而是说："大爷，我听说这个村子里有几家种蘑菇的能手，听说他们对蘑菇的研究比专业的研究人员还厉害，我是某公司采购部的调查员，准备调查一下他们的蘑菇收成情况，但是不知道那几家住在哪里，所以向您打听一下。"

那位老大爷听了小张的话，脸上戒备的神情立即缓和了下来："小伙子，你进来慢慢说吧，这天都黑了，外面黑灯瞎火的，你怎么赶路呢？"

小张连忙道谢，跟随着老大爷一起进了屋。小张看了看老大爷的屋里，不经意发现了很多晒干的蘑菇。小张走上前去，拿了一朵蘑菇放在手里观察，发现被晒干的蘑菇色泽鲜亮，异常饱满硕大，小张不禁问道："大爷，您可真会种蘑菇啊！您就是村里几家能手之一吧？"

老大爷听了，乐呵呵地说："你还别说，我其他没有什么好说，这辈子就数种蘑菇有了点成绩。"

小张不禁向老大爷竖起了大拇指："这已经是巨大的成绩了，您种这种蘑菇有什么讲究吗？"

一个问题打开了老大爷的话匣子,这一老一少就种蘑菇的话题说开了。当然,那天晚上小张就住在了老大爷的家里。

小张并没有直接说自己想投宿,但是他希望住宿的目的达到了。他用老大爷引以为自豪的种蘑菇作为话题的切入点,迅速拉近了双方之间的情感距离。

我们身边的每一个朋友都是从陌生到熟识的。与陌生人交流,如果处理得好,可以一见如故,相见恨晚;如果处理不当,就会四目相对,局促无言。因此,我们在与陌生人交往的时候,最关键的就是消除对方心里的陌生感。那么,这就需要你掌握几个行之有效的技巧和方法。

1. 顺势取材

据说,在西方很多国家见面打招呼的第一句话就是"今天天气不错"。这样的场面话当然不错,但是如果你不论时间、地点一味地谈论天气则会显得有些滑稽。最好结合你们所在的环境,顺势取材,随机应变。例如,对方第一次邀请你去他家玩,你不妨就他们家的装修、室内设计进行赞美,如"这房间设计得不错"。对方可能会自豪地说"这都是我的主意",这样一下子就打开了双方的话匣子。其实,这样的谈话并没有多少实质性的内容,主要是为了消除彼此之间的陌生感,使双方之间的气氛融洽。

2. 善意的微笑

人与人第一次见面，必然想要给对方留下极为深刻的印象。如果你能在陌生人面前露出善意的微笑，那无疑会为你增添不少魅力。人们在面对一个陌生人时，总会或多或少有一些防备心理，不愿意向对方开启心灵之门。但是，微笑是打开对方心扉的钥匙，即便再冷漠的人，他对微笑也是没有任何戒备心理的。因为，微笑不仅不具备攻击性，更是一种表达友好的方式。

3. 适当提问

我们在与陌生人见面时，免不了要进行语言上的沟通，除了倾听对方的谈话之外，还需要适当地提问，激起对方谈话的欲望。提问是引导话题、展开谈话或话题的一个好方法。提问有三个方面的作用：一是通过发问来了解自己不熟悉的情况；二是把对方的思路引导到某个要点上；三是打破冷场，避免僵局。

当然，提问也是需要技巧的，需要避开一些对方难以应对的问题，比如超乎对方知识水平的有关问题、对方难以启齿的隐私等。还需要注意提问的方式，不能像查户口一样机械性地提问，你可以适当问"你这次到北京有什么新的感触？"这样才能激起对方谈话的欲望。如果你向对方提问，对方不愿意回答或者回答不上来，那么，你要迅速转换话题，化解尴尬的气氛。

自我介绍要大方得体

人都说一回生、两回熟。"两回"不难，难就难在头"一回"。难在哪儿呢？难在面对的是陌生人，不知该从什么话说起，不知该说什么话，不知所说的话会不会让听者感觉不悦……也就是说，面对陌生人，最难的就是如何通过自我介绍，给对方留下良好的第一印象。如果我们懂得抓住对方的心理，用一番别具特色的语言，定能打动对方。

出入社交场合，免不了自我介绍一番。很多人觉得这很容易："您好，我叫××，唱二人转的，很高兴认识你。"如果一个陌生人这样平淡无奇地向你作自我介绍，下次见面时，你十有八九会忘记对方的名字。忘记别人是谁可能会尴尬，不被人记住才最可悲。

一次非正式聚会中，一位老师将两个初出茅庐的大学毕业生引见给某作家。男生A这样介绍自己："您好，我叫××，今年刚毕业，正在找工作。"这位作家听完直发愣，可能是头一次听人这么介绍自己，只好接话说："是吗？那加油啊，祝你早日找到满意的工作。"

而女生B的介绍则完全不同，她介绍自己的方式是拉近距离形成对比："您好，听说您是一位作家。"这位作家赶紧谦虚地说："哪里算作家，就是随便写写。"女生B笑吟吟地说："我也是，不过我更喜欢画画，我是一名美院毕业的学生。"很快，女生B和这位作家之间产生了两个共同的话题——写字和画画。等到聊得比较热络之后，女生B自然地提到找工作的事，而这位作家则表示可以把她引荐给在美术馆和画廊工作的朋友，一切水到渠成。

很明显，男生A的自我介绍是不得要领的，首先，他和这位作家完全不熟，在作家对他的性格和特长一无所知的情况下，他传递给作家一个他正在找工作的信息，属于无效信号。无疑，这会让这名作家产生这样的心理：此人不懂礼数。而女生B的自我介绍则注重拉近与陌生人之间的距离，以攻心为主，每一句话都说到作家心里去了，成功赢得了作家的好感，得到作家的指点自然水到渠成。

单位突然请了一名资深顾问，这名顾问看似成熟，却令小叶很不满。虽然是第一次见面，但这位顾问突然问她："我叫××，你有男朋友吗？一定没有吧？你看起来好严肃呀！"还一直问小叶:"喂,你叫什么来着?"小叶心想,就算比别人资深,也要顾好自己在别人眼里的第一印象吧!不仅小叶,单位其他同事也对这位成熟男士印象不好。

很明显,这位新来的顾问,因为说话太过招摇而让同事反感。

和这位资深顾问不同的是,新来的小唐自我介绍得就很好。

小唐第一天上班,她的工作就是负责接电话,但是对方好像听不懂她在说些什么,她表现得很紧张,用手捂着话筒对李姐说:"李姐,我是新来的小唐,早上也没跟你介绍一下,真对不起。客人好像听不懂我在说什么,我刚来对业务也不太熟,你能帮我向他说明吗?"

小唐这么一说,老职员李姐心想:看小唐的样子虽然很稚嫩,不过如此认真的态度倒是让人颇有好感,让别人也乐意帮她,比一些不懂装懂而误事的人强多了。

总之,自我介绍是一门学问。自我介绍时的每一句话都要说到对方心里去,表现出你的交际品质,让对方觉得你是一个有个人风格的人,从而对你产生良好的印象,你就成功达到了攻克"陌生人心理堡垒"的目的。

那么,与陌生人初次见面的过程中,该怎样大方地介绍自己,才能给对方留下个好印象呢?

1. 巧妙地介绍自己的名字

与人初次见面时,若想让对方记住自己,最简单的办法就是让对方记住自己的名字。例如,你可以对自己的名字作一个简单但容易被别人记住的介绍:"我姓接,接二连三的接,认识我,你会有接二连三的好运!"

2. 自我介绍要摆脱陌生人情结

其实,每个人跟陌生人交谈时内心都会不安,自己一定要先放下陌生人情结。面对陌生人不需要装模作样,不过也要表现出你的诚意。只有这样,才能显示出你的大方和热情,而不至于扭捏作态,才会让对方觉得你是一个有良好交际品质的人,从而愿意与你进一步交往。

3. 解读现场的气氛与对方的心态

自我介绍切勿太过冗长,有时候只需要简短的一两句话即可,因为吸引别人的也许正是开篇的某个亮点。同时,我们在介绍自己的时候,要避免谈论让人讨厌的话题,不要一直发表高见,也要学习倾听别人说话。解读现场的气氛,看准时机再发言。

4. 保持谦虚低调

我们在作自我介绍的时候,除了突出自己的亮点,还是以谦虚低调为好,免得给别人留下爱吹嘘的第一印象。

别不好意思，与陌生人轻松聊天

许多人都有类似的体验，当走进一间陌生的房间，或是与一个不熟悉的人碰面时，在心里对自己说得最多的一句话就是："我该怎样打破僵局，交到朋友？"而独处的时候，有时又会突然想到："啊，那天我很唐突地说了那样一句话。"或者是："哎呀，我当时怎么说了那么破坏气氛的话。"可是，世上没有后悔药，我们只好悔恨地提醒自己，下次不可以再犯。可是这样的话，又经常弄得自己很紧张，甚至惧怕与陌生人见面。而事实上，每个人在与陌生人交往的时候，都希望对方能主动打破尴尬。因此，我们要想攻破对方的心理防线，就要懂得应该与陌生人聊什么。

迈克是一家外企公司的人力资源经理，他招收过一批新员工。但让他感到不解的是：这些员工们在应聘时一个个都侃侃而谈，对考官的各种提问都应答如流，可是进入公司后，很多人不善言谈的弱点"原形毕露"，即便让他们说些迎言送语式的话，他们也是面红耳赤，十分羞涩。后来，迈克就主动找他们谈话，问他们是不是对新环境感到不适应，他们大多低着头，小声嗫嚅："不习惯和陌生人说话。"倒是其中一个人反问迈克："我也不知道该怎样做才能融入集体。"

迈克笑了笑，随后问另一个把嘴管得死死的新员工："你是不是每次跟人说话都像考试？"他点头表示："是。"迈克说："你这是患了语言怯生忧郁综合征了。"

恐怕很多人在陌生的环境或陌生人面前都出现过这样的情况。在陌生人面前，因为怯生，舌头打滚、语无伦次，越想把话说得尽善尽美，越词不达意。这就像一个初次登台的演唱者准备得越充分，演唱效果越大打折扣一样。戴尔·卡耐基在他的《人性的弱点》一书中提到了人际关系的抑郁症。是什么导致了抑郁？是怯生，是我们不懂得如何说出打破尴尬的话。

那么，我们该怎样说话，才能将话说到陌生人心里去，从而避免不好意思呢？为此，我们需要掌握三个要点。

1. 开门见山

如果你经人介绍和一个陌生人或者一个群体认识，你的心跳会不会突然加快，不知道如何是好？

逢此情况，心里不要有顾虑，更不要回避大家的提问。俗话说："一回生，两回熟。"第一回你就怯生而不语，何来第二回的相熟？要想尽快和陌生人相熟，不说话是不行的，但说话也要讲究方式方法。如果面对的是群体，你就不能急于回答他们的问题，以防捡了芝麻丢了西瓜。那么，怎样才能把握好与陌生群体对话的语机呢？有几种开门见山的"开场白"，比如"初来乍到，请大家多关照""今后我们要一起共事了，我有什么不妥之处，还请各位包涵""作为新人，能得到大家如此热情的欢迎，真让我感动不已""认识大家很高兴"……这样在群体面前说话，会让众人觉得你热情有加，与你的心理距离也一下子拉近了。

无论是对一个陌生人还是陌生的群体而言，沉默不语均被视为对这个群体的拒绝；说话太多也难以让陌生人接受，而且还会让人害怕。第一印象是带有根本性的。如果你没有管好自己的嘴，在陌生人面前"言失"或过分表现自己的口才，那么，你就会被陌生人从心里拒绝。而如果你掌握了与陌生人聊天的语言技巧，你就能轻松洞悉陌生人的心，从而轻而易举地跨过与陌生人之间的栅栏！

2. 问话探路

把对方假设成一般过路人，然后像问路一样，找一些自己心里有数却佯装不知的问题请对方来回答，这样你就取得了语机上的主动权。无论对方的回答是对或错，你都要认真地洗耳恭听，即使对方说错了，你也应该"将错就错"地表示谢意。因为，这种问话探路的目的并不是要找到什么答案，而是为了打开你和对方语言交流的闸门。

一旦双方对话的闸门被打开,原先那种陌生感自然会消失。因为通常情况下,没有人会恶意地拒绝一个虚心请教者。相反,只要对方愿意搭你的话,你所预期的社交方案便成功了一半。问话探路法只适用于和一个陌生者搭话,却不适用于和一个团队接触。

3. 轻松探微

和一个人初识,有时只需抓住对方工作或生活的某个细节,就会顺利地叩开对方的心门,激发彼此交流的欲望。

仔细观察一下你身边的陌生人,看看他们是否有比较特别的地方,比如对方使用的手机款式让你非常青睐,如对方的耳环很特别……谈论这些细节会立刻吸引对方的兴趣。聊天的话题最好选择比较轻松明快的、无须费心思考的,这样就不会让人对你的搭话产生反感。有时候,即使无语,只需向对方报以会心的一笑,也会拉近彼此的距离。

当对方有意和你沟通时,无论对方的话是对是错,切忌否定对方,因为毕竟你们还不熟,一旦被否定,接下来的沟通就很难继续,前面你所付出的一切细微的努力也会因此而白费。

第5章

别不好意思，自信的人才受重视

在日常生活中，有的人总显得异常自卑，他们根本不好意思夸自己，最后的结果就是被人忽视。实际上，越是自卑的人，越需要想办法来夸自己，因为只有自信的人才会受重视。

相信自己一定能行

世界酒店大王希尔顿用200美元创业起家，有人问他成功的秘诀，他说："信心。"而美国前总统里根在接受《成功》杂志采访时说："创业者若抱着无比的信心，就可以缔造一个美好的未来。"自信是成功的助燃剂，自信多一分，成功就可以多十分。爱迪生曾经试用1200种不同的材料制作白炽灯泡的灯丝，但是都失败了，有人批评他："你已经失败了1200次了。"可是，爱迪生并不这么认为，他充满自信地说："我的成功就在于发现了1200种材料不适合做灯丝。"正是怀着这份自信，爱迪生最后获得了成功。那些成功者的经历，其实就是心理学中的"自信心效应"，只要不放弃，那就一切皆有可能。

马援小时候并不怎么聪明，不太会背诵诗句，也不太会讲解章法，学习成绩比较差，因此，他经常挨先生的训斥。有一次，马援见到了同学朱勃，朱勃能背诵《诗》《书》，学识渊博。马援对他又羡慕又惭愧，于是虚心向朱勃请教，但还是赶不上人家，他心里很难受。马援回到哥哥家，心事重重地说："大哥，我不会背诗，是不是没有出息？"哥哥微笑着安慰他说："背书并不能体现一个人的真本领，会背书的人可能是小器速成，不会背书的人倒可能是大器晚成，你很用功，肯定能成大器，不要灰心。"听了哥哥的一番话后，马援开始激励自己，不再灰心丧气，而是加倍地努力学习，并开始寻找适合自己的人生道路。最终，他成了我国历史上的名将。

邓亚萍说："当运动员时什么事情都不用考虑，但退役以后的生活和原来有很大的转变，对许多运动员来说，当生活成为习惯后，要让他坐下来读书，他是坐不住的，他没有主动性，或者说没有紧迫感。"而邓亚萍之所以能够转型成功，除了她能够调整自己的心态，最关键的在于她始终有着"不放弃"的信念，她坚信只要自己不放弃追寻目标，那么就没有什么不可能。

有一个美国青年叫亨利，他个子很矮，内心很自卑，30多岁的他依然一事无成，整天坐在公园里唉声叹气。一天，亨利的好朋友找到他，兴高采烈地对他说："亨利，告诉你一个好消息！"亨利不相信，没好气地说道："我哪有什么好消息。"朋友高兴地说："真的是好消息，我看到一份杂志，里面有一篇文章，讲的是拿破仑有一个私生子流落到美国，这个私生子又生了一个儿子，他的全部特点都跟你一样：个子矮矮的，讲的是一口带有法国口音的英语……"亨利半信半疑："真的是这样吗？"亨利不愿意相信这是事实，可是，当他拿起那本杂志琢磨了半天，他终于相信了自己就是拿破仑的孙子。

这一发现让他完全改变了自己的心境，以前，亨利觉得自己个子矮小，非常自卑，现在，他开始欣赏自己的这一特点，他心想：矮个子有什么不好的，我爷爷就是靠这个形象指挥千军万马。以前，他觉得自己的英语讲得不好，像个乡巴佬一样，但是现在，亨利为自己拥有带法国口音的英语而自豪。亨利变得无比自信。每当遇到困难的时候，亨利就对自己说："在拿破仑的字典里是没有'难'字的。"就这样，亨利一直相信自己就是拿破仑的孙子，他克服了一个又一个的困难，三年之后他成了一家大公司的董事长。后来，亨利请人去调查自己的身世，发现自己其实并不是拿破仑的孙子，但是，亨利说："现在我是不是拿破仑的孙子已经不重要了，重要的是我得到了一个成功的秘诀：人不能没有自信。"

心理学研究中把这种外界某种刺激激发了一个人的自信心，使人重新振作，努力实现自己的志向的社会心理现象称为

"自信心效应"。自信心是一个人对自己力量充分估计的一种自我体验,是自我意识的能动表现。每一个想要成功的人都不能缺少强烈的自尊心,艺术大师徐悲鸿曾说:"人不可有自负,但不可无自信。"如果说自卑是成功的敌人,那么,自信就是成功的第一秘诀。

在生活中,有许多身患残疾或者处于逆境中的人,他们之所以能取得旁人难以想象、难以达到的成就,正是因为他们有一股强大的精神动力——自信心。一个自信心很强的人,他会相信自己的力量,无论什么困难与挫折都不能阻挡他前进的步伐。相反,一个缺乏自信心的人,他看不到自己的力量,看不到自己的优点与长处,在追寻目标的过程中,他失去了克服困难的信心和勇气,最终,他只能与成功失之交臂。人生需要有自信心,永远不放弃自己追寻的目标,那就没有什么不可能。

大方向别人展示自己的价值

人活着就应该善待自己,在低潮时给予自己鼓励。在人生的旅程中,我们无法避免诸多的挫折,但是不管那些无情的打击如何使我们痛苦、受伤、难堪,我们都不应该忘记自身的价值,更不应该认为自己一无是处或者妄自菲薄。

哲人说,我们的命运如同一颗麦粒,有着三种不同的道路。一颗麦粒可能被装进麻袋,堆在货架上,等着喂给家畜;也可能被磨成面粉,做成面包;还可能被撒在土壤里,让它生长,直到金黄色的麦穗上结出成百上千颗麦粒。人和一颗麦粒唯一的不同在于:麦粒无法选择是变得腐烂还是做成面包,或是种植生长。而我们有选择的自由,有行动的自由,更有心的自由。我们不该让生命腐烂,也不该让它在失败、绝望的岩石下被磨碎,任人摆布。

歌德曾说过这样一句话:"一个人要想成功,首先要视自己比实际的自己更伟大才行。"人生漫漫征途,在前进的旅程中,我们每一个人都要找准自己的位置,生活在这片蓝天里,给自己准确定位,让自己驰骋在最适合的领地。对此,哈佛告诉我们：人活于世，每个人都有自己的价值，都是独一无二的，切不可因为在某方面逊色于别人而失去自我。当然，每个人都希望自己能够翱翔于蓝天，驰骋于大地，但是，在梦想放飞之前，我们需要清楚地认识自己。如果在没有了解自己的情况下就擅自定位，一旦梦想破灭，内心的失望是无法言说的。另外，无法给自己准确定位，只会导致好高骛远或者内心自卑。每一个人都是特殊的个体，上帝赋予了我们独特的个性，只要我们走出盲目模仿别人的藩篱，找准自己的位置，人生就会变得丰富多彩。

大卫·奥格威曾当过推销员，做过农夫，当过外交官。他移居在美国，同时不断往来于欧洲大陆。年轻时的奥格威雄心勃勃，他有两个梦想：一是拥有一部劳斯莱斯汽车，二是获得爵士爵位。于是，每到黄昏的时候，他都会去英国国会下议院，坐在观众席里倾听别人讨论，他渴望自己有一天也能参加这里的讨论。但是，突然有一天，奥格威发现自己对这一切失去了兴趣，他对自己说："这里并不适合我。"然后，他就站了起来，以一种坦然而轻松的心情走出了下议院，解脱之后，他的内心却充满了焦虑：自己38岁了，还能够使生命辉煌吗？没过多久，奥格威创办了一家广告公司，经过多年的发展，他被誉为现代广告的"教皇"。

大卫·奥格威找准了自己的位置,演绎了精彩人生。

有一个出家弟子跑去请教一位很有智慧的师父,他跟在师父的身边,天天问同样的问题:"师父,什么是人生真正的价值啊?"

有一天,师父从房间拿出一块石头,对他说:"你把这块石头拿到市场去卖,但不要真的卖掉,只要有人出价就好了,看看市场的人出多少钱买这块石头?"

弟子就带着石头到市场,有的人说这块石头很大、很好看,就出价两块钱;有人说这块石头可以做秤砣,出价十块钱。结果大家七嘴八舌,最高也只出到十块钱。弟子很开心地回去,告诉师父:"这块没用的石头,还可以卖到十块钱,真该把它卖了。"

师父说:"先不要卖,再把它拿去黄金市场卖卖看,也不要真的卖掉。"

弟子就把这石头拿去黄金市场卖,一开始就有人出价一千块,第二个人出一万块,最后竟被出价到十万块。

弟子兴冲冲跑回去,向师父报告这不可思议的结果。

师父对他说:"把石头拿去最贵、最高级的珠宝商场估价。"

弟子就去了。第一个人开价就是十万,但他不卖,于是二十万、三十万，一直加到后来对方生气了，要他自己出价。他对买家说，师父不许他卖，就把石头带了回去，对师父说："这块石头居然被出价到数十万。"

师父说："是呀！我现在不能教你人生的价值，因为你一直在用市场的眼光看待你的人生。一个人心中，先有了最好的珠宝商的眼光，才可以看到真正的人生价值。"

每个人都有属于自己独特的价值，善待自己的人，懂得自身价值的大小绝不在于别人的评价，而是在于我们给自己的定价。

我们每一个人的价值，都是绝对的。我们要坚持自己崇高的价值，接纳自己，磨砺自己。给自己成长的空间，每个人都能成为"无价之宝"。

黏土在天才的手中变成了堡垒，柏树在天才的手中变成了殿堂，羊毛在天才的手中变成了袈裟。如果黏土、柏树、羊毛经过人的创造，可以成百上千倍地提高自身的价值，那么你为什么不能使自己身价百倍呢？

每个人都想成为高大的树木，渴望矗立在高处俯瞰这个世界，但是，生活的现实与残酷却让我们成了一棵棵小草。与其他人相比，自己的生活显得那么不堪，于是，许多人觉得自己没有价值，或许将在庸庸碌碌中度过一生。其实，小草也有它的价值，当所有高大的树木都枯亡时，那一片绿意盎然的小草却绽放着最后的美丽。它们并不想成为高大的树木，它们深知自己的价值是什么，只想做它们自己，怀着这样一份希望，它们自然生机勃勃、春意盎然。如同小草一样，我们每一个人都有自己的价值，没有任何人或事能够取代我们，也没有任何人或事能够贬低我们，除非我们自己看轻自己、贬低自己。

如何挖掘出自己的价值呢？

1. 善待自己，给自己自信

我们要学会善待自己，在失意时鼓励自己，在得意时勉励自己。在漫漫人生旅途中，我们无法避免偶尔的挫折与困难，但是，不管我们受到什么打击，即使我们正经历着痛苦、难堪，我们都不应该忽视自己的价值，不要觉得自己一无是处，也不要妄自菲薄。以一份崇高的使命感，展现出自己的人生价值。

2. 不要自卑，学会接纳自己

每个人都有属于自己的独特价值，我们应该接纳自己。而且，自身价值的大小并不在于他人的评价，而在于我们给自己的定价。一个人的价值是绝对的，坚持自己，重视自己的价值，给自己成长的空间，每个人都会成为"无价之宝"，我们将告别平庸的人生。

别给自己的心理设限

每个人都可以成为展翅翱翔的雄鹰,重要的是,你不要在心理上给自己设限,在心理上给自己制造失败,而自卑往往就是一种心理设限。在一次农产品的展览会场上,有一个农夫展示了一个形状如同水瓶的南瓜,参观的人们见了无不啧啧称奇,追问农夫是用什么方法把这个南瓜培育成功的。农夫回答道:"当南瓜只有拇指一般大的时候,我就把它装入水瓶里,一旦它渐渐长大,把瓶子内的空间都占满时,南瓜便会停止成长,这时,它就能够一直维持着在水瓶里形成的那种形状了。"就如南瓜会受限在瓶子里不能自由生长一样,如果我们习惯了自我设限,那么,我们的内心就会失去向上生长的动力,只能在目前的高度徘徊。

那是大学毕业生增多的一年,小王作为众多学子中的一员,被分配到一个偏远的水电站工作。

在这里,有内部食堂、有小卖部、有幼儿园……俨然生活在一个"与世隔绝"的小社会中的人们,大都热衷于打麻将和讲一些飞短流长，这让小王有些难以接受。相反，小王喜欢看书、喜欢听古典音乐、喜欢看欧洲影片，而且每次进城都会买一些新书和碟片回来，这同样让别的同事觉得不可理喻。在有意与无意间，小王和大伙儿越来越疏远了。

绝望得快要发疯的小王，无可奈何之下就给远在大学教书的老师写了一封信，详细地讲述了自己的苦恼：在我生活的这个空间里，我与别人从内到外都不一样，周围的环境和事物的运行规律与我理解的也完全不同，我感到很无力，也不知该怎么办，我是否也要和他们一样……

很快地，老师回信了，信中讲了一个故事：

从前，有一只鹰蛋不小心落到了鸡窝里，被当成鸡孵了出来。从出生那天起，它就与鸡窝里的兄弟姐妹们不一样。它没有五彩斑斓的羽毛，不会用泥灰为自己洗澡，不会几下就从土里刨出一只小虫来。矮小的鸡窝总是碰到它的头，而小鸡们总是笑它笨。它对自己失望极了，于是跑到一处悬崖，想跳下去结束自己的生命。但它纵身跃下的时候，本能地展开翅膀，飞上云天，它才发现，自己原本是一只鹰，鸡窝和虫子不属于它。它未曾因自己不是一只鸡而痛苦感到羞愧……所以你不要因为自己是一只鹰而感到羞愧！

看了这封信，小王的心中豁然开朗起来。从此以后，小王不再因为大伙儿的不认同而痛苦不堪甚至有些绝望，而是埋头读自己的书、做自己的事儿，并在两年后顺利考上了研究生。后来，小王成了一家外企的经理，而老师写在信末尾的那句话，也成了他一生的座右铭。

无论处于什么困境中，都不要随便否定自己，在心里给自己设限，就等于你每天都在扼杀自己的潜力和欲望！许多人在面对看似困难的境遇或事情时，就会变得不自信，他们会在心底听到这样的声音：我一定做不到的。我们的人生若始终都保持这种逃避的心态，那么，终将会为自己留下许多无法弥补的缺憾。

很多年前，在美国纽约的街头，有一位卖气球的小贩。每当他生意不好的时候，他就使用一个办法：向天空中放飞几只气球。这样，就会引来很多玩耍的小朋友围观。他的生意就会好起来，有的小朋友还会兴高采烈地买他那色彩艳丽的氢气球。

有一天，当他在街上重复这个动作时，他发现，在一大群围观的白人小孩子中间，有一位黑人小孩，正在用疑惑的眼神望着天空。他在望什么呢？小贩顺着黑人小孩的目光望去，他发现，天空中有一只黑色的气球。

精明的小贩很快就看出了这个黑人小孩的心思，他走上前去，用手轻轻地触摸着黑人小孩的头，微笑着说："小朋友，黑色气球能不能飞上天，在于它心中有没有想飞的那一口气，如果这口气够足，那它一定能飞上天空！"

很多人常常认为人生有很多事情不是我们凭能力所能办到的，所以，我们往往连目标都没来得及设立，便完全放弃了实现它们的念头，甚至还将那些事情当成是遥不可及的天真梦想。正如丹麦哲学家齐克果曾经所说："一旦一个人自我设限，并且一直认定自己就是个什么样的人时，他就是在否定自己，甚至他不会自我挑战，只想任由自己一直如此下去，而这终将导致自我毁灭。"

1. 不要轻易地否定自己

否定自己，就是人为地给自己设限，当我们认为自己不行的时候，就会真的影响我们在某方面的能力。因此，在生活中，不要轻易地否定自己，要克服自卑情绪，拿出自信，因为只有自信，才能支撑自己走更远的路。

2. 唯有自信心能冲出自我设限

事实上，只要你不进行自我设限，冲出自我设限的牢笼，给予自己鼓励和信心，就能够成为翱翔人生天空的雄鹰，并且不断地使人生获得更美好的发展！给予自己力求改变的自信和勇气，相信你一定能够有所收获！

对自己有信心的人也更有自知之明

虽然，我们提倡一个人要充满自信，偶尔夸夸自己，但这样的自信也是要有限度的，过分地吹捧自己，那不是自信，而是虚伪。狂妄自大意味着人只是在运用扭曲的想象狂妄地夸大自己，时时轻视别人，这种充满谬误的想象伤害他人，同时无形之中也伤害了自己。在每个人的心底都存有强烈的愿望，然而，每个人是否又都能够实现自己的理想和愿望呢？恐怕能够实现者寥寥无几，之所以会是这个结果，其根本原因就是没有自知之明。

有一天，一只秃鹰从王宫上空飞过，看到一只黄莺备受国王的宠爱，每天好吃好喝，且地位尊贵，于是它就问黄莺："为什么国王单单如此宠爱你呢？"

黄莺回答道："我自幼就有一副好嗓子，到了王宫后，唱歌越发动听，国王非常喜欢听我唱歌，于是十分喜欢我，也经常拿珠宝来打扮我。"

秃鹰看到穿金戴银的黄莺，心中艳羡不已，它想："我资质又不比黄莺差，我学学它，这样说不定国王也会喜欢上我。"于是它就飞到国王睡觉的地方，开始叫起来，以求吸引国王的注意。不巧的是，国王正在酣睡，听了秃鹰的叫声，噩梦连连，于是叫下人看看是什么东西在叫。下人回来报告说是一只秃鹰。国王愤怒不已，吩咐下人去把秃鹰抓回来，并命令下人拔光它的羽毛。结果秃鹰浑身疼痛，满是伤痕地回到了鸟群中。

古人云，"识时务者为俊杰"，我们每个人都有自己的特点，都有自己独特的才能。如果盲目地去模仿别人，只会伤害自己。秃鹰如果在国王高兴的时候唱歌，它的结局肯定不是这样。梅花喜爱漫天雪，如果牡丹非要开在雪天，那结局将不亚于秃鹰。

处于社会中的我们，总会被别人的看法、眼光、意见等影响，又会受自己内心的欲望、意念支配。很多时候，我们都很难客观地评价自己的实力，真正地认清自己，选择一条最适合自己的路。

从前有一只蚂蚁，它的力气很大，开天辟地以来，像这种蚂蚁大力士还不曾有过，它能毫不费力地背上两颗麦粒。若论勇敢，它的勇气也是空前的：它能像老虎似的一口咬住蛆虫，而且常常单枪匹马地和一只蜘蛛作战。它不久就在蚁冢内声名大盛，蚂蚁们谈论的话题几乎都离不开这位大力士。

后来它的头脑里充斥着颂扬的话，一心想到城市里去一显身手，到城市里去博得大力士的名声。有一天，它爬上最大的干草车，坐在赶车人的身旁，像个大王似的进城了。

然而，满腔热忱的蚂蚁大力士碰了一鼻子的灰！它以为人们会从四面八方赶来看它，可是不然！它发觉大家根本不理会它：城里人个个都在忙着自己的事情。蚂蚁大力士找到一片树叶，在地上把树叶拖来拖去，它机灵地翻筋斗，敏捷地跳跃，可是没有人瞧，也没有人注意。所以，当它尽其所能地耍完了武艺，便怨天尤人地说道："我觉得城里人都是糊涂和盲目的，难道是我不可理喻吗？我表现了种种武艺，怎么没有人给我应有的重视呢？如果你上我们这儿来，我想你就会知道，我在全蚁冢是赫赫有名的。"

那天回家时，蚂蚁大力士就变得聪明些了。

人贵有自知之明，很多人长期生活在自己的小圈子里，做着舒舒服服的井底之蛙。不晓得人外有人，天外有天的道理，更不会正确地对待自己，分析自己，把自己的心态摆正放平。不要因为自己高于他人便目空一切，不要因为自己低于他人而闷闷不乐，在充分认识自己的前提下，你终将改变你目前的状况。闭上你的眼睛，让你的心完全平静下来，仔细地回想一下你所经历过的一切，给自己一个公正的评价，然后摆正自己的位置。

当一个人心态渐渐失衡的时候，他就减缓了前进的速度。你可以对自身的实力满怀自信，对自己的成绩深感自豪，但当这些积极的因子一旦与骄狂、偏见及狭隘同行，一旦与同情、谦逊及友谊分手，就成了一种消极的品质。这种虚幻的自豪和自信是褊狭、傲慢和无知，最终将成为一种自大。

1. 自知之明是最关键的

歌德说："一个目光敏锐、见识深刻的人，倘若又能承认自己有局限性，那他离完人就不远了。"孔子说："知人者智，自知者明。"所有的一切，都从认识自己开始。你是否认识你自己，这是你人生的关键。你不要错误地认为自己作为一个人的价值与你的聪明才智、你的博学多能或者你的财富、你的力量有关。事实上，无论你多聪明，也无论你多有能力，如果你没有自知之明，那么，你最终的结果只能是失败。

2. 认识到自己的价值与不足之处

你要明白，当你降生到这个世界的时候，你已经拥有了自己的价值，你接下来所要做的事，就是将你自身的价值发扬光大，因而你必须了解、认识自己的价值和不足。

无论怎样，自信就对了

林肯说："每个人应该有这样的信心。人所能负的责任，我必能负；人所不能负的责任，我亦能负。"一个人力量的真正源泉，是一种暗中的、永不变更的对未来的信心，甚至不只是信心，而是一种确信。找到自信的支点，撑起自信的支柱。如果你确信你是正确的，那么就坚持它，因为最终能为你证明的肯定是事实，而非权威、官员、学者等。

他是英国一位年轻的建筑设计师，很幸运地被邀请参加了温泽市政府大厅的设计。他运用工程力学的知识，根据自己的经验，很巧妙地设计了只用一根柱子支撑大厅天顶的方案。一年后，市政府请权威人士进行验收时，他们对他设计的一根支柱提出了异议，他们认为，用一根柱子支撑天花板太危险了，要求他再多加几根柱子。

年轻的设计师十分自信，他说："只要用一根柱子便足以保证大厅的稳固。"他详细地通过计算和列举相关实例加以说明，拒绝了工程验收专家们的建议。他的固执惹恼了市政官员，年轻的设计师险些因此被送上法庭。在万不得已的情况下，他只好在大厅四周增加了四根柱子。不过，这四根柱子全部没有接触天花板，其间相隔了无法察觉的两毫米距离。

时光如梭，岁月更迭，一晃就是300年。300年的时间里，市政官员换了一批又一批，市政府大厅坚固如初。直到20世纪后期，市政府准备修缮大厅的天顶时，才发现了这个秘密。消息传出，世界各国的建筑师和旅客慕名前来，观赏这几根神奇的柱子，并把这个市政大厅称作"嘲笑无知的建筑"。最为人们称奇的是这位建筑师当年刻在中央圆柱顶端的一行字：自信和真理只需要一根支柱。

这位年轻的设计师就是克里斯托·莱伊恩，这是一个人们很陌生的名字。今天，能够找到的有关他的资料实在太少了，但在仅存的一点资料中，记录了他当时说过的一句话："我很自信。至少100年后，当你们面对这根柱子时，只能哑口无言，甚至瞠目结舌。我要说明的是，你们看到的不是什么奇迹，而是我对自信的一点坚持。"

对权威应当尊重，但过分的尊重有时会贬低自己的才能。很多人在权威面前显得非常渺小，最大的原因，是他们对于自己的不肯定。而年轻的设计师面对权威时没有屈服，因为他自信。如同爱默生说过的一句话："相信你自己的思想，相信你内心深处认为是正确的。"自信不是要盲目地妄自尊大，它需要深厚的知识和经验积累作为其坚强后盾。

赵国平原君养了很多门客，其中有一个人很不被平原君看重，他就是毛遂，名列下等，其实是在那里混日子。

在秦国军队围困赵国首都邯郸时，平原君奉命去向楚国求救，他想挑选20个能干的门客一同前往，可挑来挑去只凑到19个。毛遂便向平原君推荐自己。平原君不以为然，说："大凡贤士处在世上，就像锥子放入布袋，会立即露出锥头。先生在我这儿吃了3年饭，并没发现先生有什么过人之处，先生还是留下吧！"毛遂说："我今天正是请求装入袋中。如早把我装入袋中，我早就脱颖而出，何须等到今日？"

平原君勉强同意让他去充数，其他19人都相视而笑。平原君到了楚国，向楚王求援，从早上求到中午，也没谈出结果。这时毛遂大踏步走上台阶，仗剑来到楚王面前，把秦楚战争事实一摆，并深刻剖析了其中的利害关系，楚王无言以对，终于决定出兵救赵。毛遂的成功在于他的自信：相信自己的才华。

唐代文学家韩愈在初次应试时，曾名落孙山。但他毫不气馁，坚信自己文章的水平和自己的能力。在后来的应试中，面对相同的考题，他把上次写过的文章一字不改地再次写下并呈上，竟金榜题名。周朝的姜尚在江边直钩垂钓，数十年痴心不改，信心十足，终被周文王重用。

摆也要摆出自信的姿态来

现代社会是一个开放和竞争的年代，人际交往越发频繁。在一个人的性格因素中，缺少自信，缺少对情绪的驾驭能力，而又时不时地感到自卑，这样，即使一个人再有才华，恐怕也难获得广阔的施展空间。心理学教授说，自卑是一种消极的自我评价或自我意识，即个体认为自己在某些方面不如他人而产生的消极情感。自卑感就是个体对自己的能力、品质评价偏低的一种消极的自我意识。具有自卑感的人总认为自己事事不如人，自惭形秽，丧失信心，进而悲观失望，不思进取。

1951年，英国人弗兰克林在从自己拍得极好的脱氧核糖核酸（DNA）的X射线衍射照片上发现了DNA的螺旋结构之后，就这一发现做了一次演讲。然而，由于弗兰克林生性自卑，缺乏自信，怀疑自己的假说是错误的，从而放弃了这个假说。1953年，在弗兰克林之后，科学家克里克和沃森也从照片上发现了DNA的分子结构，提出了DNA双螺旋结构的假说，这一发现标志着生物时代的到来，二人因此获得了1962年度诺贝尔医学奖。当初，如果弗兰克林不因自卑而放弃自己的假说，进一步深入研究，这个伟大的发现肯定会以他的名字载入史册。唐拉德·希尔顿曾说，许多人一事无成，就是因为他们低估了自己的能力，妄自菲薄，以至于缩小了自己的成就。

自卑是一种长期存在的心理状态，有自卑心理的人，就如同披着海绵在雨中行走一样，包袱会越来越重，直至压得人喘不过气。

自卑会让人心情低沉，郁郁寡欢，常因害怕别人瞧不起自己而不愿与别人来往，只想与人疏远，缺少朋友，甚至内疚、自责、自罪；他们做事缺乏信心，没有自信，优柔寡断，毫无竞争意识，享受不到成功的喜悦和欢乐，因而总是感到疲惫，心灰意冷。

被自卑感所控制，其精神生活将会受到严重的束缚，聪明才智和创造力也会因此受到影响而无法正常发挥。自卑是束缚创造力的一条绳索，是阻碍成功的绊脚石。种种消极的反应都表明，自卑的心理会导致一个人常走下坡路。

其实，战胜自卑并非难事，不要过于看重某一次的失败，不要因先天的缺陷而抬不起头，在生活中以一种平和的心态对待周围的人和事，慢慢地，当你鼓起自信的风帆，划动奋斗的双桨，你一定会发现一个生机勃勃的你，一个潇洒自如的你，一个无限成功的你！

第6章

别不好意思，大方批评不唯唯诺诺

在现实生活中，某些时刻需要我们向他人提出一些意见或批评。但由于中国人历来传统的"不好意思"心理在作怪，使得他们不好意思，因为在他们看来，"批评"意味着自己要去否定他人的一些言行。其实，唯唯诺诺才是一种失败的表现，对于他人的过错，我们应该大胆提出自己的中肯意见，如此才能建立和谐的人际关系。

可以先自我批评，再去批评其他人

古语说："正己才能正人。"对于我们来说，在别人犯错的时候，先做好自我批评，再批评对方才能奏效。许多人认为，对方犯了错，自己完全脱得了干系，于是，他们只顾着批评别人，浑然忘记了自己也参与其中。在营救驻伊朗的美国大使馆人质的作战计划失败后，美国总统吉米·卡特在电视里郑重声明："一切责任在我。"当时，仅仅因为这句简单的话，卡特总统的支持率上升了10%。或许，其中的原因谁都明白，一个敢于自我批评的人无疑是值得尊敬的。而且，从说服力上来说，即使下属所犯的错误真的不是自己所为，但作为上司，自己也有着不可推卸的责任。因此，在这个时候，需要拿出领导者应有的风度与涵养，先做好自我批评，再批评下属，这样你的话语会更有说服力，与此同时，下属也会更深刻地意识到自己的错误。

美国田纳西银行前总经理特里曾说："承认错误是一个人最大的力量源泉，因为正视错误的人将得到错误以外的东西。"举个例子，假如下属犯了错，同时，处于指挥和监督岗位的领导也有不可推卸的间接责任。下属犯错的时候，如果领导像没事人一样，盛气凌人，只把下属批评一顿，却不肯承担自己的责任，好像自己永远是正确的。那么，下属就会产生在领导心目中一无是处的委屈感，虽然，他们表面上并没反驳什么，但会耿耿于怀，站在领导工作的对立面。所以，在批评下属的时候，领导者应先自责，进而再指出下属的错误，使下属产生与领导共同承担的责任感以及愧疚感。那么，在以后的工作中，下属定会尽心尽力，恪尽职守。

哈威是公司财务部的一名员工。有一次，他错误地付给了一位请病假的员工全薪。他发现这个错误时，就及时地对那位员工解释说必须纠正这个错误，他要在下一次的薪水中扣回多付的薪水金额。然而，那位员工说这样做会给自己带来严重的财务危机，因此，他请求分期扣回多付的薪水。但是，这样的话，哈威必须获得上级的批准。哈威心想：我知道这样做，一定会使老板十分不满。不过，在哈威考虑如何以更好的方式来处理这件事的时候，他了解到这一切的混乱都是由于自己的错误造成的，若告诉了老板，自己肯定会受到批评，于是，他隐瞒了整件事情，自作主张地应允了那位员工的请求。

没想到，过了两周，这件事还是被老板知道了。在办公室里，哈威向老板说明了事情的详细经过，并承认了自己的错误。老板听了大发脾气，拍着桌子吼道："你是怎么办事的？

事先怎么不跟我说一声？我发现你现在的胆子越来越大了，现在能擅自决定这件事情，是不是再过几天，你就能坐我的位置了？"哈威低着头不说话，心里却很不服气：虽然我有错在先，但现在已经处理好了，而且，谁叫你平时不关注公司的事情，出了问题你才站出来，这算什么领导啊？

在以后的日子里，哈威也不怎么听领导说话，经常一个人闷着头工作。而领导也觉得，那些下属越来越难以管理了。

虽然哈威作为下属，犯错在先，但他在犯错之后及时想到了挽救的办法，这一点是值得领导肯定的。而哈威的上司却在得知整件事情之后，不分青红皂白就大骂了下属一顿，这只会令哈威更委屈。哈威已经有了抵触的情绪，在以后的工作中，这样的情绪也会影响其工作效率及态度，而领导则会感觉自己已经无力管理下属了。

俗话说："金无足赤，人无完人。"谁都难免犯一些小错误，我们应该学会宽容对方所犯的错误，当然，这样的宽容并不是毫无原则的纵容，而是在心理上与其站在一起，告诉他"这件事情，我也有责任"，从心理上缓解对方的恐惧情绪。让他感觉到，自己并不是一个人在承担责任，还有人同自己站在一起，这样想来，对方更容易看清自己的错误。领导率先做自我批评的时候，其实是给对方树立了一个敢于承担责任的榜样。

关于自我批评，领导应了解以下三点。

1. 批评与自我批评

在日常工作中，许多领导经常指着下属的鼻子抱怨，似乎所有的错事都是下属一手造成的，而功劳则是自己的。其实，作为领导者，批评与自我批评是一体的，尤其是自我批评，这是大多数领导所欠缺的素质。

2. 错误到底是怎样形成的

在管理学上经常会提到"二八管理法则"，意思是，企业所产生的偏离预定目标的错误，有80%是因为决策或者领导方法不对所造成的，而剩下的20%才可能是由于这些策略在执行过程中出现了偏差。那么，作为领导者应该仔细想想，是不是所有的错误都出在员工身上？如果真是在执行过程中出现了错误，导致了严重的后果，领导者是否应该检讨一下？所以，作为一个领导者，在准备批评下属的时候，应先进行自我批评。

3. 客观、公正地看待问题

在现实生活中，一些人自己犯了错误的时候，不进行自我批评，反而拿别人开刀，说得对方一无是处，如此，既不客观，也不公正。我们要明白，批评自我，不但不会抹黑自己的形象，反而会展现给大家一个更客观公正、光明磊落的形象。当然，自我批评是需要勇气的，你在进行自我批评的时候，已经战胜了自我，你就是真正卓越的成功者。

提出善意的批评，反而会获得感激

对于我们每一个人来说，批评都是一种必要的强化手段，批评与表扬是相辅相成的。批评也要讲艺术性，也就是我们所说的提意见。批评本身是一种指责，如果运用不当，对方只会记住你的批评而不是自己的错误。我们应该尽量减少批评带来的副作用，尽可能减少对方对批评的抵触情绪，以达到比较理想的批评效果。其实，从"批评"所要达到的目的来说，我们可以把"批评"当作一种"提醒""激励"，而不是否定一个人。特别是对于领导者来说，自己对下属的批评要尽显善意，在坚持原则的基础上进行教育，千万不要言辞刻薄，恶语相向，如此，下属才能接受你的批评，同时，他还会对你充满感激。

斯金纳教授提出了自己教学的基本观点——"用激励代替批评"，他是美国伟大的心理学家，他用动物和人的实验证明了：当减少批评，多多激励对方的时候，他所做的好事就会增加，而那些比较不好的事情就会因为受忽视而逐渐萎缩。激励富有一种强大的力量，它可以让人重新改变自我，发愤图强，把自己的所有精力投入工作之中。所以，对于他人出现的一些小问题、小错误，领导者要尽显善意，少一些批评，多一些激励，这样才能够让他全身心地投入工作中，而那些小问题、小缺点也会因为你的忽视而逐渐消失。

很多年以前，一个十岁的小男孩在一个工厂里做工。他从小就喜欢唱歌，并且梦想着当一个世界闻名的歌星。当他遇到他的第一位老师时，他满怀自豪地把自己的梦想告诉了老师，可是老师非但没有给他鼓励，反而怀疑地说："你根本不适宜唱歌，你五音不全，简直就像风在吹百叶窗一样。"

他很伤心地回到家里，但是他的母亲，一位穷苦的农妇却亲切地搂着自己的孩子，激励他说："孩子，你能唱歌，你一定能把歌唱好。瞧你现在已经有了很大的进步。"于是，母亲在生活中节省下每一分钱，送她的儿子上音乐课。正是这位母亲的支持，给了孩子无穷的力量，从此改变了孩子的一生。他的名字就叫恩里科·卡鲁索，他成了那个时代最伟大、最著名的歌剧演唱家。

母亲的激励与老师的批评形成了鲜明的对比，显然，母亲的"批评"是善意的，而老师的批评虽然说不上恶意，但却刺伤了小男孩幼小的自尊心。试想，如果这位小男孩没有得到来自母亲的激励与赞许，而是一味地沉浸在那位老师无情打击所造成的痛苦中，那么，这个世界上就失去了一位优秀的歌剧家。

在现实生活中，我们应适当表露自己的善意，对他人少一分指责，多一些嘉许，不仅会使事情做起来得心应手，也会给予对方愉悦的心情，何乐而不为呢？我们不应该因为私心或对某些事物的反感，就对他人的行为采取贬低或者批评的态度。少一些批评，多一些激励，也许那一句微不足道的激励，就给了那些需要动力的人以无穷的力量，给了那些身处逆境的人奋勇向前的信心。

李先生是一位成功人士，他在回忆自己的成长经历时充满深情地提到以前的一位老师，感慨地说如果没有老师当年的教诲，可能就没有今天的自己。

李先生说，自己从小调皮捣蛋，无心学习，整天打架，总之劣习成性，没有哪个老师能把他驯服。后来有位年轻的女老师当了他的班主任，在一次他把邻班同学的头打破以后，老师把他叫到办公室，温和地对他说："我一直认为你是个聪明的学生，你看你这次考试又进步了，老师希望你能够继续努力学习，把自己的聪明劲用到学习上来……"

他说老师的话对年少的他触动很大，他没想到老师会真诚地夸奖他，认为他很聪明。于是，他决心改掉所有的劣习，好好好学习,最后,他成功了。

一样的批评,但女老师的话说得却动听,更能打动人心。如果没有那位女老师激励的话语,也许李先生就不会拥有如此成功的人生。批评本身是具有伤害性的,而卓越的领导,则会把批评的伤害降到最低,这样一来,对方即使遭受批评,也会对其充满感激,而非抱怨。

那么,如何提出善意的批评呢?

1. 以激励代替批评

没有母亲对爱迪生孵鸡蛋行为的肯定与赞许,也许爱迪生就没有后来的辉煌成就;英国作家韦斯特若没有得到老校长的激励,可能就没有无数本畅销书的出版,英国文学史上就缺少了不朽的一页。在生活中,多对对方说一些激励的话语,少说一些批评的话语,这样才能激发他的潜能,让他更好地为工作效力。

2. 启发式批评

批评的目的就在于使下属认识自己所犯的错误,并且能够及时改正。而要想使下属从根本、从内心认识到自己的错误,就需要你从深处挖掘错误的原因。"晓之以理,动之以情",你要用一些理解的话语慢慢启发他,循循善诱,帮助下属认识并且改正错误。

3. 警告式批评

如果你的下级所犯的错误并不是原则性的，或者你没有目睹他犯错误，作为领导，你就没有必要"真枪实弹"地对他进行严厉的批评。你可以用比较温和的话语，只是巧妙地点明问题所在；或者用某些事物进行对比、影射，只要点到为止，对他起一个警告的作用就可以了。

原谅的话别不好意思说出口

假如我们决定原谅某个人,千万不要觉得不好意思,要鼓足勇气把原谅说出口。毕业于哈佛大学的经济学家萨缪尔森曾获得诺贝尔经济学奖,他曾说:"人们在交往中应当多一些体谅而非指责。"在很多时候,原谅比辱骂更能让一个人醒悟与进步。面对他人有意或无意犯下的错误,如果我们总是愤怒或生气地指责对方,反而会使对方产生受伤的感觉,在他看来,第一感觉不是认识到自己的错误,而是感觉自尊受到了伤害。这样一来,我们并没有达到自己的目的,他或许并没有意识到自己错了,而是产生了对你的怨恨。而原谅则不一样,原谅能使一个人清楚地看到自己的错误,同时,还会心存感激。所以,面对他人的错误,原谅比挑剔、指责更有用。

有一天,"发明大王"爱迪生和他的助手辛辛苦苦工作了一天一夜,终于做出了一个电灯泡。他们非常珍惜这个成果,就叫来一个年轻的学徒,让他把这个灯泡拿到楼上的实验室好好保存。这名学徒知道这是个重要的东西,心里非常紧张,结果在上楼的时候，不住地哆嗦，一下子摔倒了，把电灯泡摔得粉碎。爱迪生非常惋惜，但没有责备这名学徒。过了几天，爱迪生和他的助手又用了一天一夜制作了一个电灯泡，做完后，爱迪生想也没想，仍然叫来那名学徒，让他送到楼上。这一次，什么事也没有发生，这个学徒安安稳稳地把灯泡拿到了楼上。事后，爱迪生的助手埋怨他说："原谅他就够了，你何必再把灯泡交给他呢，万一又摔在地上怎么办？"爱迪生回答："原谅不是光靠嘴巴说的，而是要靠做的。"

在生活中，许多人习惯于责骂他人的错误，特别是当他们的错误对自己的生活产生了不利影响时，我们的情绪有可能会一下子失控，这时，怨恨占据了我们的心灵，那些指责与辱骂就会随之而来。但是，如果我们仔细一想，就会发现指责与挑剔对于我们来说一点好处也没有，它只会让我们的情绪变得更加恶劣，而他人在指责与挑剔之中也会心生不满。所以，任何时候，原谅他人都是一个有益的选择，即便我们心里觉得别扭，我们也不要觉得"原谅别人"是不好意思的。正如爱迪生所说"原谅不是光靠嘴巴说的，而是要靠做的"，我们必须以实际行动来让对方感受到自己已经被谅解了。

有一天，七里禅师正在蒲团上打坐。突然，一个强盗闯进来，拿着一把锋利的刀子对着他的脊背，说："把柜子里的钱全部拿出来！否则，就要你的老命！"七里禅师缓缓说道："钱在抽屉里，柜子里没钱，你自己拿去，但要留点，米已经吃光，不留点，明天我要挨饿呢！"那个强盗拿走了所有的钱，在临出门的时候，七里禅师说："收到人家的东西，应该说声'谢谢'啊！"强盗转过身，说："谢谢。"刹那间，他心里十分慌乱，他从来没有遇过这样的事情，愣了一下，才想起不该把全部的钱拿走，于是，他掏出一把钱放回抽屉。

没过多久，这个强盗被官府捉住，根据他所提供的供词，差役把他押到七里禅师的寺庙去见七里禅师。差役问道："几天之前，这个强盗来这里抢过钱吗？"七里禅师微微一笑，说道："他没有抢我的钱，是我给他的，他临走时也说过'谢谢'了，就这样。"强盗被七里禅师的宽容感动了，只见他咬紧嘴唇，泪流满面，一声不响地跟着差役走了。

这个人在服刑期满之后，便立刻去叩见七里禅师，求禅师收他为弟子，七里禅师不答应，这个人便长跪三日，七里禅师终于收留了他。

即使面对抢掠的强盗，七里禅师也没有说任何指责、辱骂的话语，反而原谅了他。在原谅别人的时候，他没有觉得对方是一个强盗，没有觉得有半点心理阻碍。当差役问道："这个强盗来这里抢过钱吗？"七里禅师只是说："他没有抢我的钱，是我给他的，他临走时还说了声'谢谢'。"听了这样的话，面对这样的宽容，再凶狠、再无药可救的强盗也流泪了，他终于醒悟了。

1. 把原谅说出口，我们就是强者

原谅了别人，我们才是真正的强者。佛说："当你战胜了嗔恨的心魔，生命会因此更自主、自在与自由。"真正的强者不是指责别人，挑剔别人，而是要战胜自己。我们需要自省，这样我们才能对他人的错误以微笑待之。甘地曾要求自己不要怨恨任何人，他说："我知道这很难做到，所以用最谦恭的态度，尽量达成这项对自我的要求。"

2. 不再挑剔与指责，学会原谅

每个人的心都如同一个容器，当爱越来越多的时候，仇恨就会被挤出去。因此，要想学会原谅，就不要只是去消除仇恨，还要不断地用爱来充满内心，用爱心来滋润胸襟，这样一来，那些怨恨或仇恨就没有了容身之处。所以，试着放弃心中的怨恨，放下愤怒，善待自己，原谅他人。面对他人犯下的过错，不要总是挑剔和指责，而是学会原谅吧。

别不好意思说实话，忠言往往逆耳

"良药苦口利于病，忠言逆耳利于行。"这是一句我们耳熟能详的俗语，而其中的道理也为绝大多数人所接受。虽然我们非常欣赏这句话，但真正轮到自己要说实话时，却还是唯唯诺诺。假如我们作为下属，需要向领导提出某些看法，这时你会想到这句话吗？恐怕大多数人的心理就是"不好意思"，或者说"不敢"。从表面上看，他们总是在为他人考虑：假如给领导提出意见，那是不是意味着领导的想法不行呢？自己又算什么呢？难道所想的会比领导高明到哪里去吗？别人都没有提，怎么就自己提呢？其实，这些都是当事人寻找的借口，他们真正不敢提的理由就是觉得不好意思开口，总觉得自己一开口好像什么都是错的。实际上，不管是职场还是生活中，我们都应该摒弃"不好意思"心理，大胆提出自己的看法。

有时候，作为下属，需要适时向领导进谏，提出某些建议或看法，但实际上进谏也是需要讲究技巧的。许多下属都遇到过这样的情况，当自己向领导进谏的时候，却不能得到领导的采纳，甚至还有可能被领导冷落。其实，造成这种局面并不是因为你所提出的建议和想法不具有可行性，也不是领导平庸无能，而是因为你向领导进谏的方式不对，很多时候你直接地向领导提出一些意见，会让他难以接受。毕竟领导位居权威的位置，他的威信不允许被任何人摆布和差遣。当你直截了当地提出意见，反而会让他有一种不被尊重的感觉。因此，当你需要向领导提出自己的想法时，不妨灵活地采用各种技巧，委婉含蓄地表达出来，让领导轻松接受自己的建议。

邹忌身高八尺多，身材魁梧，容貌端正。有一天早晨，他穿戴好衣帽，照着镜子，对他的妻子说："我与城北的徐公相比，谁更美呢？"他的妻子说："您美极了，徐公怎么比得上您呢？"城北的徐公，是齐国的美男子。邹忌不相信妻子的话，于是又问他的妾："我与徐公相比，谁更美？"妾说："徐公怎能比得上您呢？"

第二天，一位客人来家里拜访，邹忌问客人："我和徐公相比，谁更美？"客人说："徐公不如您美啊！"第二天，徐公来了，邹忌仔细地端详他，自己觉得不如他美；再照镜子看看，更觉得自己远远比不上人家。晚上，他躺在床上想这件事情，说："妻子赞美我的原因，是偏爱我；妾赞美我的原因，是惧怕我；客人赞美我的原因，是对我有所求。"

对此，邹忌上朝拜见齐威王，说："我确实知道自己不如徐公美。但我的妻子偏爱我，我的妾惧怕我，我的客人对我有所求，他们都认为我比徐公美。如今齐国，土地纵横千里，有一百二十座城池，宫中的妻妾和身边的近臣，没有不偏爱大王的；朝廷中的大臣，没有不惧怕大王的；国内的百姓，没有不对大王有所求的。由此看来，大王您受蒙蔽更厉害了！"

齐威王说："好。"于是下了一道命令："所有大臣、官吏、百姓能够当面批评我过错的，可得上等奖赏；能够上书劝谏我的，得中等奖赏；能够在众人聚集的公共场所指责、议论我的过失，并能够传到我耳朵里的，得下等奖赏。"政令刚一下达，许多官员都来进言规劝，宫门庭院就像集市一样；几个月以后，偶尔有人进谏；一年以后，人们即使想进言，也没有什么可说的了。

在案例中，邹忌向齐威王进谏，所采用的就是委婉含蓄的方式，先通过讲述自己的经历，以此推出皇帝所受的蒙蔽更多，最终达到了进谏的目的。在工作中，领导并不是所有决策都做得绝对正确，由于受各方面的因素影响，领导在作决策时可能存在一种偏差或错误。作为下属，千万不要因为领导出了错就幸灾乐祸，甚至当场指出其不足之处，这样只会使领导陷入极端尴尬的局面。如果遇到心胸狭窄的领导，他还会恼羞成怒，伺机对你报复。

对此，下属可以采取顺势引导的办法，例如，当你发现你的领导在管理上还是因循守旧，也不重视选拔、培养人才，什么事情都事必躬亲，使公司运转效率下降。那你不妨建议领导参加MBA学习，接受国内外的先进管理制度，一起讨论公司目前所遇到的问题。到时候，就会使领导改变自己的管理模式，促进工作的有效开展。

每一个领导都不是十全十美的人，他们在能力、认知方面也会存在一些偏差，所以他们在工作中也会作出一些失当的决定。而你作为一个下属，有责任发现这些问题，进而有效地解决问题。当然，这需要你讲究一定的方法和技巧，寻找一个合适的机会委婉地提出来。这样廉明的领导才会欣赏你的决策，进而对你信任有加。

我们所说的"良药苦口利于病，忠言逆耳利于行"，并不是真的要一个人喝下苦得难以下咽的药，说一些严厉打击对方或当众打击对方的话。当我们心里有什么好的想法时，就要善于选择合适的方式，比如委婉、含蓄的方式都是值得推崇的。因为含蓄的方式往往是对方较容易接受的，这样一方面不会让对方感到难堪，同时也起到了"忠言逆耳"的作用。

别人的错误要委婉指出

许多人之所以不敢指出别人的错误，是因为怕自己说的话会伤害到别人，直接说出批评往往是需要勇气的，这就会让自己产生"不好意思"的心理负担。在现实生活中，我们批评对方是为了根除某部分错误，使对方走上正确的道路，因此，要想批评达到很好的效果，就必须讲究批评的技巧，而避免消极、简单、直接的倾向。批评是一门艺术，批评是为了鞭策和激励他人更好地完善自我。批评是一种反向的激励，如果运用不好，就很容易刺激他人，特别是对方的自尊心和荣誉感，这样不但起不到激励的效果，还会使被批评者情绪消极、表现被动，甚至做出偏激和抵抗的反应。所以，我们在批评的时候，切忌直接指出对方的错误，这样会伤害其自尊心，而是需要委婉指出错误，在言语上需要含蓄婉转，切忌尖酸刻薄，否则，便会引起不良的后果。

每个人都有自尊心，即使犯了错误的人也不例外。如果对方真的在某些方面犯了错误，我们在批评的时候，也要考虑到对方的自尊心，切勿随便伤害对方。因此，批评他人的时候，一定要保持心平气和，如春风化雨，而不是大发雷霆，横眉怒目，以为这样才能显示你的威风。实际上，你这种批评方式，最容易伤害对方的自尊心，甚至导致矛盾激化。因此，你在批评对方的时候，要戒言辞尖刻、恶语伤人。当你怒火正盛时，最好别批评，等自己心情平静下来之后再去批评。虽然对方有过错，但是在人格上与你完全平等，所以不能随便贬低对方甚至侮辱对方。

王太太为整修房屋而请来了几位建筑工人。起初几天，她发现，这些建筑工人每次收工后都把院子弄得又脏又乱，可他们的手艺却让人无法挑剔。王太太不想训斥他们，便想了一个好办法。一天，建筑工人收工回家后，她便偷偷地和孩子们一起把院子收拾干净，并将碎木屑扫好，堆到院子的角落里。到第二天工人们来干活时，她把工头叫到一边大声说："我真的对你们在收工前将我的院子扫得这么干净感到高兴，我很满意你们的举动。"之后，每到收工时，工人们都自觉地把木屑扫到角落里，并且让工头做最后的检查。

如果王太太直接指出工人的错误，肯定会使工人们大为恼火，而这种情绪会影响其工作效果，也会破坏他们与王太太之间的友好关系。所以，聪明的王太太舍弃了直接指出错误的做法，而是委婉地表达出了自己的想法，聪明的工人们一下子就明白了王太太的意思，也认识到了自己的错误。

在现实生活中，许多领导在对下属进行真诚的赞美之后，喜欢拐弯抹角地加上"但是"两个字，然后就开始一连串的批评。例如，他们常会说："小王，这次干得不错，但是，过程中还是出现了许多问题，希望你能多多提高你的业务水平。"这样，备受鼓舞的小王在听到"但是"两个字以后，就会开始怀疑之前领导对自己的肯定了。对他来说，赞美通常是引向批评的前奏，因此，在委婉指出别人错误的时候，切忌在赞美后加"但是"两个字，这样会使你的批评效果大打折扣。

一位上士谈到这样一个问题："后备役军人在受训期间，经常抱怨的就是必须理发的规定，因为他们认为自己仍然算是普通老百姓。有一次，我奉命训练一群后备士官，按照对一般军人的管理办法，我可以像其他教官那样大声吼叫，或是出言恫吓，但是我并没有这样做，而是委婉指出此事的利害，达到了我的目的。"

顿了顿，上士接着说："我对他们说：'诸位，你们都是未来的领导者，你们现在如何被领导，将来也要如何去领导别人。诸位都知道军队中对头发的规定，我今天就要按照规定去理发，虽然我的头发比你们的还短得多。诸位等一下可以去照照镜子，如果觉得需要，我们可以安排时间一起到理发室去。'结果，我的话刚说完，真的有许多人开始去照镜子，并且按照规定理好了头发。"

在这个案例中，教官正是以委婉的批评方式达到了自己的目的。委婉式的批评其实就是不要当面直接进行批评，而采取间接的方式对其进行批评。你可以采用借彼批此的方法，声东击西，这样让被批评者有一个思考的余地，从而更容易接受。委婉式批评的特点就是含蓄，不会伤害被批评者的自尊心。每个人都有很强的自尊心，我们如果在公开场合点名批评犯错的人，就会让对方感觉没面子、威信扫地，更有甚者会对批评者怀恨在心，有的干脆"破罐子破摔"。所以，我们在批评他人时，要采取委婉的批评方式，这样不伤害对方的自尊心，可以让人更容易接受。

那么，我们在进行委婉批评的时候，需要注意哪些问题呢？

1. 就事论事

我们批评的时候，是在平等的基础上进行的，态度上的严厉并不等于语言的恶毒，只有那些无能的人才去揭人伤疤。揭人伤疤只会勾起对方一些不愉快的记忆，这样对问题的解决毫无帮助；而且当你揭他人伤疤的时候，不仅被批评者心寒，旁观的人听了也会不舒服。

因为伤疤人人都有，只是大小不一。旁观者见到被批评者的惨状，只要不是幸灾乐祸的人，都会产生"下一个就轮到我"的感觉。而且，你乱揭他人伤疤，只会让他人颜面丧失殆尽，根本没有达到你批评的预期目的。使用恰当的批评语言，是一个人心胸和修养的直接表现，绝不能以审判者自居，恶语相向，不分轻重。

2. 以朋友的口吻

即便是领导，也应该用恰当的批评方法批评下属，而不是以审判者自居，你可以同被批评者站在同一立场，用朋友的口吻去询问对方："发生了什么事？""我能为你做些什么？"或者"为什么会这样？怎么回事？"这样的方式，可以帮助你了解情况，以便更好地解决问题。

当然，你也可以直接告诉他你的要求，但是千万不要说："你这样做根本不对！""这样做绝对不行！"你可以试着说："我希望你能……""我认为你会做得更好。""这样做好像没有真正地发挥出你的水平。"用提醒的口吻与他说更好，私下再与他交换意见，委婉地表达自己的想法，跟他讲道理、分析利弊，他就会心悦诚服，接受你的批评和帮助。

批评有策略，用好"三明治"效应

批评的目的是限制、制止和纠正对方的某些不正确的行为。在现实生活中，有人不愿意甚至不敢对他人提出批评，即使对方做得不好，他宁可找其他人去做，也不愿意指出对方的不足之处；有人犯了错，他干脆睁一只眼闭一只眼，装作没看见。其实，觉得批评对方会让自己不好意思，或者会因批评而得罪人是一种不明智的想法，那些得罪人的批评不在于批评本身，而在于批评的原则和方法不够得当，这就需要我们掌握一些批评技巧。

卡耐基曾这样说："当我们听到别人对我们的某些长处表示赞赏之后，再听到他的批评，心里往往会好受得多。"对于对方出现的失误或者问题，我们应该进行适当的批评和否定，使对方所存在的问题或不足之处不致于继续发展下去，甚至出现更大的错误而影响整个工作的开展。虽然古人曾云："人非圣贤，孰能无过？"但是，如果对方犯了错误，而你不加以批评，任其发展，他只会在错误的路上越走越远，这样无论对他的工作还是生活都有一定的阻碍作用。因此，在某种场合适当地批评和否定他人，是很有必要的。当然，好的批评就是一种激励，最佳的批评方式是需要讲究技巧的，我们不仅仅需要纠正对方的错误，而且需要使对方不断地进步。这就需要我们掌握最佳的批评方法，即运用"三明治"的批评艺术。

中信出版社出版的《玫琳凯谈人的管理》一书中写道："不要光批评而不赞美，这是我严格遵守的一个原则。不管你要批评的是什么，都必须找出对方的长处来赞美，批评前和批评后都要这么做，这就是我的'三明治式'批评法——夹在两大赞美中的小批评。"即使你在批评下级时，也应该事先对他的长处赞扬一番，然后再客观地提出批评，为了使你们的谈话在友好的气氛中结束，你最后需要再使用一些赞美的词语。这种两头赞扬、中间批评的方式，就像是三明治，所以大家称这种批评为"三明治式"的批评。

一个高明的领导者，总是在批评之前先肯定下属的成绩，然后再真诚地向他提出存在的不足之处，事后再说出自己的赞美之词。而有的领导者讲话时总说："我对你很失望。"那么被批评的员工听后，第一感觉就是领导者已经不重视我了。相反，如果我们换一种方式来处理，例如，你可以这样表达："你做事向来都是很积极的，从来都是按时完成的，这次突然出现了这样的问题，一定有别的原因吧，我很重视这件事情。"再让他作出回答，这样双方就能够解决问题。然后你再转到一个愉快的话题上来，对他的长处提出赞扬，进而让他真正了解你的意图和想法，按照你的意图和想法来工作，从而使双方都能保持愉快的心情，顺利解决问题。

从心理学来说，绝大多数人在听到批评的时候，都不会像听到赞美那样舒服。每个人在本能上，对来自别人的批评都有一种抵触心理，并且喜欢对自己的行为进行辩解，尤其是当他在工作中已经付出了很大努力的时候，他就会对上级的批评更加敏感。很多人在认知上，都确信自己是不可能不犯错误的，而在行为上却试图为自己的每一次错误进行辩解，这就显得他们的认知不协调。而"三明治式"的批评方式很符合人们的心理适应能力，他们渴望别人的赞赏，赞美就应该在他的心里留下比较深刻的印象，而两头的赞美能起到这样的作用。当你在诚恳而客观地对他进行赞扬之后，再进行批评，他就会觉得你的批评在赞美的包裹下显得不那么刺耳了，所以心里更容易接受这样的批评。

"三明治效应"完全符合人们的心理，如此的批评方式也更容易被人所接受。那么，"三明治效应"到底哪里比较出色呢？

1. 最佳的批评方式

"三明治"批评方式，能够有效地避免批评本身带来的负面影响，而把一种带着负面的批评成功地转化为正面积极的激励方式。被批评者既不会受伤,又能在赞扬声中解决问题。

2. 维护了他人的自尊心

很多人在批评他人的时候,丝毫不考虑对方的自尊心,当面或直接就对其大声责骂,其实这样的方式很容易伤害他人的自尊心,激起对方心里的逆反情绪。实际上,每个人都渴望得到别人的赞美,因为赞美能够在他们心里留下深刻的印象,并且使他们的心情保持一种愉悦的状态,同时,也较好地维护了他们的自尊心。

第7章

别不好意思，人人都爱听赞美之言

一个书生刚被任命去当县官，离京赴任之前，他去拜访主考老师。老师对学生说："如今世上的人都不走正道，逢人便给戴高帽子，这种风气不好！"书生说："老师的话真是金玉良言。不过，现在像老师您这样不喜欢戴高帽子的人能有几个呢？"老师听了非常高兴，书生走出来，说道："高帽子已经送出一顶了。"从这个有趣的故事中，我们不难看出，原来，人们都喜欢听好话。所以，有些场合不要不好意思说美言。

有特色的赞美显得与众不同

美国有一名学者这样提醒人们:"努力去发现你能对别人加以夸奖的极小事情,寻找你与之交往人的优点,那些你能够赞美的地方,要形成每天至少真诚地赞美别人一次的习惯,这样,你与别人的关系将会变得更加和睦。"在日常交际中,要想建立良好的人际关系,恰当地赞美他人是必不可少的。

事实上,每个人都希望自己被别人赞美,得到他人的肯定,但是,由于人与人之间交谈的时间并不多,而且,人们普遍不善于去发现他人值得赞美的地方,很多时候就会出现一些问题:要么赞美不当,要么缺少赞美。其实,只要我们用心观察,就会发现每个人身上都有值得我们赞美的地方。有的人很聪明,有的人很友好,有的人善良,有的人漂亮,而我们需要做的就是去发现这些闪光点,再逐一去赞美对方这些闪光点,这样才能很好地打动对方。

这天,营业厅小李临柜,一位中年男性储户递上了一张5万元的国债存单,说道:"我的国债到期了,看能不能再买点国债,利息高,又保险,国家信誉嘛!"小李夸赞道:"先生,您的理财意识很强啊,很有经济头脑。现在,国债代理业务已经过期了,我们近期代理的是人寿太平保险,这个险种卖得可快啦。"中年男人问道:"我家五口人,爱人、女儿、儿子、母亲,我特别惦记60岁的老母亲,想给她买份保险,你给推荐推荐。"小李马上说道:"您这份孝心真难得,我给您推荐的太平盈利保险,投保年龄是65周岁以下,正适合您的母亲,年利率2.25%,如果意外身故,可以获得2倍的保险金。"

说着,小李进一步介绍:"您的儿子、女儿将来要外出上学,您和爱人又年富力强,建议买分红型的,每月分红,如果发生意外身故3倍返还赔偿金,另外赠您一份学生平安卡。"中年男生有些顾虑:"我先回去想想,时间不早了,还要赶回学校做饭哩!"小李心想,如果客户临时变卦了,把钱转存其他银行了怎么办?于是,小李赶紧问道:"您在哪所学校做饭?"中年男生回答说:"二中。"小李马上接话说:"我营业所主任的孩子就在你们学校上学,一直夸食堂饭菜好吃,原来是您的手艺呀!"中年人听后,睁大眼睛非常兴奋:"真的吗?人人都夸老师好,我没想到还有人夸我这个做饭的,谢谢了,对了,你先给我说清楚吧,我现在也不着急走。"小李又详细解释了一番,中年男人笑了:"现在我明白了,买保险就好比买雨伞，平常不用，下雨有用。"小李夸奖道："您的比喻可真恰当！"这时，那位中年人才决定填单，将5万元全部投保。

在整个交谈过程中，小李的赞美不断，而且，她的每一句赞美都是有根据的，并不是泛泛而说，这样的赞美之词顾客听了怎能不喜欢？小李是一个善于发现别人优点的人，顾客说同样几句话，有的人却不能发现顾客值得赞美的地方。小李正是凭着自己敏锐的眼光，发现了顾客身上那些值得赞美的地方，才如愿打动了原本犹豫不决的顾客。因此，在生活中，我们要善于去发现他人身上值得赞美的地方，发现了就要大声赞美，这样我们才能打动他人的心。

那么，我们该如何赞美他人呢？

1. 从细节处赞美

那些有经验的人常常会抓住某人在某方面的行为细节，巧言赞美，这样就很容易赢得对方的好感。因为对细节的赞美，不仅能给对方带来心理上的满足，而且，还会增进彼此的心灵默契程度。你能观察到对方那些尚未被人发现的细节优点，就表明那些赞美是你发自内心的，如此自然而又真诚的赞美足以打动人心。

2. 挖掘他人身上的闪光点

每个人都有自己的长处，关键是你是否能"慧眼识珠"，能否发现对方身上的闪光点。有的人常常埋怨别人身上没有优点，不知道该赞美什么，其实，这恰恰说明了你缺乏发掘闪光点的能力。

3.赞美的角度要新颖

每个人都有许多优点和长处，我们对他人的赞美要独具慧眼，善于发现对方身上的"闪光点"和"兴趣点"，从新颖的角度赞美，这样将达到事半功倍的效果。

赞美越具体越令人信服

心理学家认为："人类本质中最殷切的需求是渴望被肯定。"在生活中，被人赞美是一件令人喜悦的事情，恰如其分的赞美，能使人感受到人与人之间的的理解和温馨，能够打动他人，有效地促进赞美者与被赞美者之间的心灵交流。一个人若是学会了赞美，往往受益无穷。在日常交际中，我们经常感受到赞美的魔力，赞美不仅能打动他人，也使自己获得了友情和帮助。人总是对自己最感兴趣、认为自己最重要，希望被人赞美，那么，在与他人的交往过程中，我们应该遵循一个原则：尊重他人，肯定他人，并真诚地赞美他人。

王先生和夫人携带翻译同一位外商洽谈生意，外商见到夫人后，便夸赞道："你的夫人真是太漂亮了！"王先生客气地说："哪里，哪里。"翻译听到这话，心想碰到难题了，这"哪里，哪里"怎么翻译呢？最后，他翻译成了："Where, Where？"外商听了，心中感到疑惑，心想：说你夫人漂亮就是漂亮呗，还非要问具体漂亮在哪里？于是，外商笑着回答说:"你的夫人眼睛漂亮,身材好,气质好……"说完,大家都哈哈大笑了起来。

这个有趣的故事告诉我们,在赞美他人的时候,一定要在心里问自己"哪里,哪里",对方漂亮在哪里、好在哪里,这样,你的赞美才能因有针对性而打动对方,甚至会产生神奇的效果。我们要明白,当我们赞美对方"真好""真漂亮"的时候,他内心深处就会有一种心理期待,很想听听下文,到底"好在哪里""漂亮在哪里",这时,如果没有针对性的表述,对方该是多么失望啊!

这天,小路心情特别好,她觉得公司特别温馨,觉得每个同事都很可爱,甚至,她主动承担了上司布置的工作任务。可能连她自己都说不清楚这到底是为什么。这不仅仅是因为她今天穿了新的裙子,更因为她在刚走进公司的时候碰到了同事小娜,虽然,她们平时说话不多,但是,小娜看见小路穿着新裙子,脱口而出:"哇,你的裙子真漂亮!款式很适合你。"小娜也没想到自己一句最普通的赞美竟会给小路带来一天的好心情。

对于漂亮的女同事,就需要赞美其装扮,因为漂亮的外表是她们最在意的部分。小娜如此有针对性的赞美，自然会打动小路的心，而且，还给小路带来了一天的好心情。一般情况下，太笼统、太宽泛的赞美会给人一种虚情假意的感觉，而有针对性的赞美能让对方感觉到你是发自内心的，当然，这样的赞美能很好地打动对方。

赞美也是需要一定技巧的。我们对他人的赞美不能太笼统，而是需要有针对性。在生活中，我们经常听到"你这个人真是太好了！"之类的话，虽然，这听上去是一句赞美，但是，具体好在哪里呢？赞美者却没能说清楚。因此，在赞美他人的同时，我们要有针对性地赞美，比如，对男人你可以夸他帅气，对漂亮的女人你可以赞美她的打扮，对一个母亲你可以赞美她的孩子可爱，对上司你可以夸赞他的领导力很强。

那么，如何做到有针对性地进行赞美呢？

1. 赞美对方的某个动作或行为

在生活中，泛泛的赞美很快就会让我们词穷，那么，怎么才能有针对性地赞美他人呢？比如，如果你见到一个人，不赞美她漂亮，而是赞美她"今天的发型让你神采奕奕"，这样，对方是不是更高兴呢？进行空泛的赞美不如赞美最让你满意的某个动作或者行为。

2. 针对不同类型的人

我们还需要针对不同类型的人进行恰当的赞美。比如，见到一个孩子,你不能说潇洒,而应说聪明、可爱、懂事;见到漂亮的女人,就应该赞美其精致漂亮;见到男人就应该赞美其潇洒帅气。如果你没有针对性地进行赞美,对方定会觉得你虚情假意,又怎会被你打动呢?

向别人请教也是一种赞美

在生活中,我们经常听到这样的赞美:"你的手工做得太好了,怎么做出来的,能教教我吗?"如此别具一格的赞美就是请教式赞美。什么是请教式赞美呢?顾名思义,就是赞美对方的某些方面,而话语中带着请教的意味,似乎对方的优秀程度已经将其摆在了"老师"的位置上。而大多数人听到请教式的赞美,虽然表面上不做声,但其内心早已兴奋异常了。

美国的一家化妆品公司曾有一名优秀的"推销冠军"。有一天,他和往常一样,把公司里刚推出的化妆品的功能、效用告诉顾客,然而,作为顾客的女主人并没有表示出多大的兴趣。于是,他立刻闭上嘴巴,开动脑筋,并细心观察。突然,他看到阳台上摆着一盆美丽的盆栽,便说:"好漂亮的盆栽啊!平常似乎很难见到。"

女主人来了兴致:"你说得没错,这是很罕见的品种。同时,它也属于吊兰的一种。它真的很美,美在那种优雅的风情。"

"确实如此。但是，它应该不便宜吧？"

"这个宝贝很昂贵的，一盆就要花700美元。"

"什么？我的天哪，700美元？那每天都要给它浇水吗？我一直很喜欢盆栽，但却对此一窍不通，我能向你请教如何才能培育出这样美丽的盆栽吗？"

"是的，每天都要很细心地养育它……"女主人开始向推销员倾囊相授所有与吊兰有关的学问，而他也聚精会神地听着。最后，这位女主人一边掏钱，一边说道："就算是我的先生，也不会听我嘀嘀咕咕讲这么多的，而你却愿意听我说这么久，甚至还能够理解我的这番话，真的太谢谢你了。如果改天有空，我会很乐意向你传授种植兰花的经验，希望改天你再来听我谈兰花，好吗？"女主人爽快地接过了化妆品。

销售员通过向女主人请教关于盆栽的问题，引起了女主人的谈话兴致，而且，在交谈过程中，销售员一直以请教式赞美来夸奖女主人，使得女主人的心理得到了极大的满足。最后，没等销售员开口，女主人就主动掏钱购买了化妆品，而且，还发出了"希望改天你再来听我谈兰花"的邀请。可见，请教式赞美所产生的效果是良好的。

这段时间，小雨跟她的一个朋友学会了十字绣，她利用业余时间，绣了一对在丛林中飞舞的蜻蜓。同事看了她绣的十字绣，很惊讶，那形象的花草、舞动着翅膀的蜻蜓非常逼真，同事由衷地赞美："哎呀，小雨，你太了不起了！你这是怎么绣出来的啊？"小雨笑了笑，看得出来，她对自己花费了不少时间绣出来的作品很自豪，同事真诚地说："看你绣得这么漂亮，我也想学习一下，你能教教我吗？"小雨点点头，开始手把手地教同事绣十字绣。

同事那几句请教式赞美，恰到好处地温暖了小雨的心灵，融洽了彼此之间的关系。可以说，请教式赞美，是一种非常有效的赞美方式。先给他人戴上了一顶高帽，再虚心地请教，想必，一个再倨傲的人也会被打动，这样一来，你的目的就会很容易达到了。

请教式赞美为什么会有这么好的效果呢？

1. 请教式的赞美更能彰显其价值

请教式赞美更容易让对方接受，让对方体验到自己的价值，从而心中产生某种成就感。这样的赞美方式大多适用于下属对上级、学生对老师、晚辈对长辈，由于对方身上有自己不具备的一技之长，遂以请教的赞美方式表达你的仰慕之情，在这个过程中，对方往往能在请教式赞美中答应你的请求，或者他们有可能会主动帮助你渡过难关。

2. 请教式赞美是一种鼓励

其实,请教式赞美不仅仅重在请教,还表现出一种鼓励的意味。当然,这样的一种赞美方式不止局限于下属对上级,很多时候,上级为了鼓励下属,也可以向下属发出"请教式赞美"。在日常生活中,还有许多家长更是将请教式赞美当作了一种很好的教育方式,以此来鼓励孩子。我们在求人办事的时候,不妨放低自己的身价,虚心请教,再说几句赞美之语,说不定能取得良好的效果呢。

赞美越自然效果越好

赞美要自然，那些悦耳、好听的语言就好像潺潺溪水，不做作，不矫饰，让别人一听就喜欢。相反，如果你的赞美太做作，故意使用大量虚伪的语言，反而会让对方生厌。赞美要自然，首先应该建立在真实的基础之上，也就是你所赞美的地方，正是对方身上存在的优点，这样你的赞美才会有效果；其次还应该注意语言不能太过矫饰，淳朴的语言才是最容易打动人的。

王女士在公司做行政工作，人漂亮又聪明，而且嘴巴很甜。王女士的领导十分喜欢打扮，很会搭配衣服，稍微一变换，就能变换出许多新造型。而嘴巴很甜的王女士，则成了这位领导苦恼的对象，因为王女士总是夸张地赞美自己，而那些赞美听起来令人很不舒服。

每天早上一到公司，王女士那不顺耳的赞美就来了："哇噻，经理，又买了一套新衣服，对不对？颜色好艳丽哦，穿在你身上就是不一样，好像蒙娜丽莎。"蒙娜丽莎？有这样赞美人的吗？她一点都不清楚蒙娜丽莎是谁就这样说话，令领导心里很不舒服。过了一天，王女士的赞美又来了："看看！又是一套，很贵吧？还有项链、耳环也是新的吧？我就是缺这样的本事，不像你每天都打扮得像花儿一样美丽。"花儿一样美丽？领导听到此处大跌眼镜。

案例中的关键是王女士根本没搞清楚对象就夸张赞美，这样的比喻令人听了生厌，还不如不说。赞美缺乏了自然感，就好像生活失去了真实一样，不仅不能打动领导，反而会让领导心生反感。

成功学大师戴尔·卡耐基曾做过二流推销员，那确实是一段令他难忘的经历。当时，卡耐基对发动机、车油和部件设计之类的机械知识毫无了解，这样一来，他完全无法掌控自己推销产品的实质。

有一次，店里来了一个顾客，卡耐基立即走上去向他推销货车，不过，他说的话却往往连货车的边都沾不上。顾客觉得卡耐基是一个疯子，这时，老板气愤地走过来，大声吼道："戴尔，你是在卖货车还是在演说？告诉你，明天再卖不出去东西，我会让你走人。"这下，卡耐基着急了，如果丢了这份工作，将意味着自己无法生存了。

于是，卡耐基立即说："老板，你是最仁慈的老板了，有了你，我才吃上了面包。你放心，为了感谢你让我可以吃上面包，我会好好干的，而且，瞧你今天穿得多精神啊，相信你今天的生意也会一帆风顺的。"被赞美了几句，老板的气消了，就再没说过解雇的事情了。

仔细回味卡耐基对老板的赞美，虽有夸张之嫌，但听上去却很自然。这样的话语正表现出老板的重要性，而这正是老板所希望听到的。于是，听过这样一句赞美的话后，老板气消了，也不再提解雇的事情了，这实际上就是赞美的功效。

学点赞美他人的技巧

卡耐基曾说过："当我们想要改变别人时，为什么不用赞美来代替责备呢？纵然下属只有一点点进步，我们也应该赞美他，因为，那才能激励别人不断地改进自己。"赞美他人，绝对算得上是一件好事，但绝不是一件容易的事。我们在赞美别人的时候，需要审时度势，还需要掌握一些方法，否则，即使你是真诚的，也会将好事变成坏事。不同的人在赞美别人的时候，会使用不同的方法：有的人喜欢直接的赞美方式，"你真是太漂亮了"；有的人喜欢使用比较意外的方式，"今天的菜格外美味，你的厨艺越来越好了"；有的人喜欢背后赞美别人，第三方将这话传到当事人的耳朵里，效果会出奇的好。如何才能使赞美发挥出应有的效果？如何才能通过赞美来打动他人？这就需要我们在赞美他人时讲究一定的方法，方法对了，赞美的效果就达到了，到时，你还会担心打动不了人心吗？

小王在与同事聊天的时候，随意说了上司几句好话："张经理这个人真不错，处事比较公正，我来公司一年多了，他在各方面对我的帮助都挺大的，遇到这样的上司，真是我的幸运。"没过多久，这几句话就被传到了张经理的耳朵里，令张经理既欣慰又感动，就连那位同事在向张经理传达这几句话的时候，都忍不住夸赞一番："小王这人真不错，心胸开阔，难得啊！"

年底分发奖金的时候，小王觉得自己这一年表现很不错，想争取一下。因此，他敲开了张经理的门，张经理满脸热情："小王，有什么事吗？"小王有些不好意思地说："张经理，又来麻烦你，真是不好意思，那个年底奖金我想争取一下，你看我合格不？"张经理笑着说道："这事啊，好说，我早就觉得你不错，放心，这件事我一定放在心上。"

有时候，在背后说人家的好话，赞美几句的功效比当面说似乎更有效果，小王那看似随意的几句话却是有意策划的，这样，自己在张经理心中的形象一下子就提高了，办事自然就容易多了。其实，背后赞美他人比当面恭维的效果好得多，如果当面赞美，有可能会被认为是拍马屁，同时，对方脸上也会挂不住，会觉得你的赞美不够真诚。背后赞美他人几句，总有一天，这话会被传到对方的耳朵里，对方听了心里自然是美滋滋的，这样一来，打动人心的目的也就达到了。

有记者曾问史考伯："你的老板为什么愿意一年付你超过100万的薪金，你到底有什么本事？"史考伯回答说："我对钢铁懂得并不多，我最大的本事是能鼓舞员工，而鼓舞员工的最好方法，就是真诚地赞赏和鼓励他们。"原来，史考伯就是凭着赞美他人，而拿到了100万的高薪。不难想象，史考伯先生一定是精通了赞美的方法，否则，怎么能将赞美的效果发挥得那么好呢？下面，我们就列举几种简单的方法，以供你参考借鉴。

1. 出人意料的赞美

赞美来得比较突然，也会令人惊喜。比如，丈夫下班回家后，见妻子已经摆好了饭菜，不妨称赞妻子几句，本来看似平常的行为，却受到了丈夫的赞美，作为妻子，心情一定是愉悦的。在生活中，如果你赞美的内容出人意料，会更容易打动对方。

2. 直接的赞美

在生活中，我们常使用的赞美方法就是直接赞美，比如下属与上司、老师对学生、长辈对晚辈等，这样的赞美方法比较及时、直接，能够很好地鼓舞他人。如果你发现了对方身上有什么亮点，不妨直接告诉他"你最近工作业绩不错，快破了上个月的销售纪录了，继续努力"。

3. 夸张的赞美方法

夸张的赞美方法又被称为激情的赞美方法，拿破仑曾这样赞美他的妻子："从来没有哪个女人像你这样受到如此忠贞、如此火热、如此情意缠绵的爱。"在这里，赞美可以使你获得爱情，同时，还可以缓和矛盾。那些无法掩饰的赞美之情，使得我们的另一半十分受用和满足。

4.间接的赞美方法

有直接的赞美方法，就有间接的赞美方法。在日常生活中，如果我们想赞美一个人，但不便当面说出来或没有适当的机会向他说出来时，你可以在他的朋友或家人面前，适当地赞美他一番，而且，这样赞美收到的效果将会更好。比如，当着下属的面赞美另一位员工"我觉得小王挺不错的，工作很认真，踏实能干，我很欣赏他"，等到这些话传到了员工小王的耳朵里，他肯定会加倍努力工作来表达内心的感激。

第8章

别不好意思，感恩之人要懂得言谢

曾经，有一位诗人这样写道："晨曦中，万物苏醒的新鲜气息；朝露下，鲜花摇曳的美丽身姿；寒风里，洁白雪花的曼妙舞蹈；三五知己好友，一份挚爱真情。日升日落，云聚云散，鸟语呢喃，花香阵阵，每一天，从睡梦中醒来，我都会感谢上苍的眷顾，让我享受如此美妙的人生。"

感谢陪伴自己一生的人

每当一对相爱的人相拥走进婚姻的殿堂,他们都会被主持人问到这样的问题:"你是否愿意这个人成为你的丈夫(妻子),与他(她)缔结婚约?无论疾病还是健康,或任何其他理由,都爱他(她),照顾他(她),尊重他(她),接纳他(她),永远对他(她)忠贞不渝直至生命的尽头?"答案当然是:"我愿意。"在生活中,有多少爱人穷其一生来坚守这个约定,因此,我们需要感谢那个一直陪伴在我们身边的爱人。

有人或许会疑惑:爱人,有什么好感谢的呢?其实,如果我们仔细想想,需要感谢的实在太多了。年轻的时候,纵然自己很优秀,可是,比你优秀的人更多,那么是爱人慧眼识人,选择了与你相伴一生,所以,感谢他(她)吧;成功的时候,虽然拥有无数的鲜花和掌声,可是,陪伴自己走过艰难岁月的却只有他(她),所以,感谢他(她)吧;失败的时候,所有的人都离你而去,只有他(她)不离不弃,始终陪伴在你身边,所以,感谢他(她)吧;忙碌时有他(她)的帮助,痛苦时有他（她）的分担，快乐时有他（她）的分享，一起浅尝人生的酸甜苦辣，甚至，为了你，他（她）宁愿舍弃更好的生活。那么，面对这样一个不离不弃，始终陪在你身边的人，心中怎会不感谢呢？

  在生活中，不要总是觉得所有的事情都理所当然，包括爱人对自己无私的付出，对整个家庭的默默付出。感恩不仅在心里，同时，我们也要善于将自己的感激说出来：感谢爱人，因为他（她），我们摆脱了忧虑；感谢爱人，因为他（她），我们真切地感受到了幸福的滋味；感谢爱人，因为他（她），我们才会飞得更高更远。也许，对于我们来说，需要感谢的人太多太多，但是，我们一刻都不能忘记感谢陪伴自己一生的爱人！

感谢那个愿意做你孩子的人

在生活中，我们常常会感谢父母、感谢爱人、感谢朋友，或许，还有许多需要我们感谢的人，但是，我们往往忽视了一个重要的对象，那就是活跃在我们身边的孩子。孩子是父母生命的延续，虽然孩子的生命是父母赋予的，但是随着孩子的到来，作为父母的我们，也从中感受到了诸多的快乐与幸福。"感谢你们，可爱的孩子们"，这是每一位父母都应对孩子说的一句话，对父母来说，有太多的事情需要感谢自己的孩子，孩子带给自己的是太多的感动和欢乐，与孩子一起成长是每一位父母感到最幸福的事情。所以，作为父母，应该感谢孩子，感谢孩子给自己生命的延续，感谢孩子给生活带来了快乐和感动。

每一个孩子孕育的过程都洋溢着爱，从怀孕开始到孩子出生，然后孩子会哭、会笑、会翻身、会坐、会站、会走、会说话，孩子第一次用稚嫩的声音喊着"爸爸、妈妈"，那一刻，你的心里凝结了所有的爱和感动。在我们的生命里，许多人会出现，许多人会离开，可是，孩子却是陪伴我们走到生命尽头的人。我们看着孩子们出生，孩子们看着我们苍老，这是一种怎样的延续。

一位母亲写了这样一篇文章：感谢孩子。

我在报纸上常看到这样的话："对孩子的爱是最不对等的，因为得不到回报。"可是，我想说，感谢孩子，因为有了孩子，我才能成为一个母亲；因为有了孩子，我才知道怎样做母亲，我的人生因为孩子而变得更加丰满。

我要感谢孩子，我可爱的孩子，我想告诉你，从你出生的那天起，我的生命就揭开了崭新的一页，我的责任感更强了，行动也不再那么随意了。每天，我都能感受到一种新的信念和爱，这样的爱会慢慢上升为对他人的爱，对这个社会的爱。在那段日子里，以前冷漠的我变得热心肠起来，身边的人都发现了我的变化，我自己很清楚，这一切都是源于你——孩子，所以，我要感谢你，我的孩子！

你刚出生的几个月，我很忙碌，也许，我刚洗好你的衣服，你又把排泄物弄了一身，被子、衣服又脏了，我脾气很坏，向你吼道："打你这个坏孩子。"没想到，你不仅没有哭泣，反而咧开嘴笑了起来，望着你灿烂的笑容，我有点不好意思，是的，孩子并没有错，以后你还会摔跤、打破东西，还会搞这样或那样的破坏，这是每一个孩子成长的必然过程。从这时开始，我明白了，要想你成为一个健康、活泼的好孩子，我首先应该学会做一个好母亲。感谢你，因为你，我体会到了做母亲的辛苦；因为你，我更体会到了做母亲的幸福与快乐。

作为母亲，我见证了你的无数个第一次：第一次笑、第一次哭、第一次走路、第一次说话。当你用模糊不清的声音喊道："妈妈，妈妈！"那一瞬间，我的心快被融化了，所有的辛苦和劳累都已经抛到了脑后，只要有你在身边，我就感觉到幸福。所以，感谢你，让妈妈感受到了久违的幸福与快乐。作为母亲，我并不是仅仅付出，更重要的是我在你身上发现了如阳光般美好的东西，那些东西是一个人生命中最本质的。

在生活中，许多父母习惯于要求孩子感谢父母，父母的爱是无以回报的，孩子应该拥有一颗感恩的心。父母们应该学会的是：感谢孩子。通过感谢孩子，父母们意识到自己应该做一个感恩的人，身教重于言教，当你向孩子表达了自己的感激之情，相信你会在孩子心中种下一粒感恩的种子，随着时间的流逝，它们会开花，慢慢结出丰硕的果实。

我们该感谢孩子的哪些方面呢？

1. 谢谢孩子带来的赤子之情

感谢孩子，不仅仅是心中的那份感动与爱，还有孩子的无忌、坦率和豁然，因为对于我们成年人来说，在无数次历练中，我们已经失去了久违的天真与童真，而通过孩子，那份赤子之情又重新被唤醒了。那么，就让我们把所有的感谢汇成一句话：感谢你，孩子！

2.感谢孩子唤醒我们心中的爱与感动

看着孩子的出生与成长，我们会不由得感叹生命的神奇和伟大，同时，孩子的出现唤醒了我们潜藏在内心的爱与感动。对于父母来说，没有孩子就没有春天，可能在尚未做父母之前，我们不懂关爱，没有耐心，脾气火暴，可是，做了父母之后，孩子让我们把一切不好的习性都化作了爱。所以，感谢孩子，感谢他们明亮的眼睛，感谢他们清澈的心灵，感谢他们赐予你更多生命本色的东西。

记得对你的老师说声谢谢

"静静的深夜群星在闪耀,老师的房间彻夜明亮,每当我轻轻走过您窗前,明亮的灯光照耀我心房,每当想起您,敬爱的好老师,一阵阵暖流心中激荡……"当熟悉的歌声响起时,我们又一次想起那些可亲可敬的老师,是他们为我们指引着前方的路。是的,每一位学生都应该饱含深情地向老师鞠躬,道一声:"谢谢您,老师!"没有阳光,万物就不能生长;没有雨露,百花就不能散发出芳香;没有老师的教诲,就没有我们的进步和成长。老师似蜡烛,总是默默地燃烧着自己,为我们在茫茫学海里指明方向;老师似小草,朴实无华,却总是默默地奉献出自己的那份绿;老师似太阳,让每一颗种子萌发出自己的生命。父母给予了我们生命,老师却让我们的生命绽放出更多的光芒。曾经,我们只是无知的孩童,在老师的教诲下,我们成了最优秀的学生,可其中却凝聚了老师太多心血和汗水。所以,深深地感谢您,老师!

许多年前,曾流行着这样一句话:"读到中学,就会忘记小学老师;读到大学,就会忘记中学老师;当走上工作岗位之后,就会忘记所有的老师。"岁月,让我们历经人间的冷暖,但是,我们依然忘不了当初指引着自己走上人生之路的恩师。其实,在我们每个人的成长路上,除了父母,最重要的就是自己的老师了,他是我们人生道路上另一位贵人。所以,无论何时何地,无论自己取得了怎样的成就,我们都应该感谢他们:老师!辛苦了!

公元前521年的春天,孔子徒步前往守藏史府去拜望老子。正在书写《道德经》的老子听说誉满天下的孔丘前来求教,赶忙放下手中刀笔,整顿衣冠出迎。孔子看见大门里出来一位年逾古稀、精神矍铄的老人,心想这就是老子,急忙上前,恭恭敬敬地向老子行了弟子礼。进入大厅后,孔子拜了之后再落座,老子问孔子:"为何事而来?"孔子离座回答:"我学识浅薄,对古代的'礼制'一无所知,特地向老师请教。"老子见孔子这样诚恳,便详细地表述了自己的见解。

回到鲁国后,孔子的学生们请求他讲解老子的学识。孔子说:"老子博古通今,通礼乐之源,明道德之归,确实是我的好老师。"话语中流露出敬佩之意,他说:"鸟儿,我知道它能飞;鱼儿,我知道它能游;野兽,我知道它能跑。善跑的野兽我可以结网来逮住它,会游的鱼儿我可以用丝条缚在鱼钩上来钓到它,高飞的鸟儿我可以用弓箭把它射下来。至于龙,我却不知道它是如何乘风云而上天的。老子，其犹龙邪！"

老师总是默默地、无私地奉献着，因为老师，我们开始有了梦想，学会感谢老师吧，因为他们给予了我们生命的意义。我们每个人的一生中，都会有许许多多的老师，有的是自己的启蒙老师，有的是授业的恩师，因为有了他们，我们走出了困惑，学到了许多为人处世的道理，领悟了生命的意义。

人们常说："教师是人类灵魂的工程师。"是的，在人生路上，有了老师的教导，我们就不会迷失方向；有了老师的注目，我们才变得更加自信，才会勇敢地走向远方。所以，我们应该感谢老师。当然，感谢老师，不仅仅要挂在嘴边，而且，还要将感激之情融入自己的行动中。

向对手和困难说声谢谢

智者说:"只有把抱怨别人和环境的心境化为上进的力量,才是成功的保证。"在生活中,对于那些看似刁难自己、折磨自己的人,有那么一瞬间,我们心中是满怀怨恨的,憎恨他们对自己的残酷。可是,在以后的日子中,我们往往会发现,那些看似折磨我们的人往往能够促进我们更快赢得成功。因为那看似折磨、煎熬的环境,总能历练出真正的强者。尤其对于年轻人来说,当你没能扼住命运的咽喉,却又不愿被命运来主宰自己的一切时,应该懂得忍耐,因为每一次折磨与煎熬都是上天的一次考验,而那些折磨你的人才是真正引导你走向成功的人。所以,面对那些折磨自己的人、煎熬的环境,不要抱怨,懂得忍耐,懂得感恩,感谢那些折磨你的人。

小王刚刚大学毕业,心高气傲的他进了一家石油公司。上班第一天,上司就吩咐他在限定的时间内登上几十米高的钻井架,将一个包装好的盒子送给最上层的主管。小王拿着盒子,爬着又高又窄的旋梯,当他气喘吁吁地登上高层,将盒子交给那位主管后，只见那位主管仅仅在盒子上签了个名，就吩咐他送回给上司。小王接到了命令，急急忙忙又下了旋梯，将盒子交给上司，没想到，上司签了个名字之后又要求其将盒子送还给主管。小王憋住了心中的怒火，还是乖乖将盒子送给了主管，令他更窝火的是，主管又吩咐他将盒子送还给上司。

小王就这样来来回回爬了好几次，心想：这根本就是主管和上司在故意折磨我。他看到自己的衣服已经被汗水浸湿了，内心也燃起了熊熊怒火，不过，他强忍着怒气，主管看着这位年轻人，吩咐他："把它打开。"小王将盒子打开后，发现里面居然放着一罐咖啡和一罐奶精，他心中更加肯定上司们就是在故意折磨自己。

这时，主管吩咐他："去冲杯咖啡吧！"小王再也忍不住了，他用力将盒子摔在海面上，生气地说："我不干了。"发泄完了，他感觉浑身有种说不出的痛快感。主管看起来很失望，他对小王说："年轻人，刚刚这一切，其实是一种叫做承受极限的训练，因为我们每天都在海上作业，随时都可能遇到危险，因此，工作人员必须有极强的承受力，才有能力完成海上的作业与任务。"说完，主管叹息着说："唉！原本你前面几次都通过了，就差那么一点点，你无缘喝到自己冲泡好的咖啡，真是可惜！现在，你可以走了。"

在小王看来，主管和上司都在折磨自己，这些看似无端的行为让小王很生气，忍无可忍，他心中充满了对折磨自己的人的怨恨。可是，这样的愤怒一旦发泄出来，小王也失去了工作的机会。最后，小王才明白，那看似折磨的过程，原来就是一次次历练的过程，可小王却在怒气中丧失了这一难得的机会。

我们为什么要感谢困难呢？

1. 折磨就是一种自我的磨炼

学会感谢那些折磨自己的人，没有了他们，就没有我们成功的人生。也许，对于每一个人来说，承受折磨的过程都是辛苦的，不仅仅是外在的折磨，还有内心的煎熬，或许，在那一刻我们心中是充满抱怨与仇恨的，对那些折磨自己的人充满了恨意。但是，随着时间的流逝，我们会发现，正是那些折磨自己的人，才促进了自己的成长。所以，放下心中的抱怨，将怨恨化为感激，让自己多一个良师益友，这样，与他人的关系将会更加和谐。

2. 百忍成钢

苏轼在《留侯论》中说："古之所谓豪杰之士者，必有过人之节，人情有所不能忍者。匹夫见辱，拔剑而起，挺身而斗，此不足为勇也。天下有大勇者，卒然临之而不惊，无故加之而不怒，此其有所挟持者甚大，而其志甚远也。"有人或许会觉得奇怪，对于那些折磨自己的人，似乎怨恨还不够发泄心中的怒气，怎么会感谢呢？因为折磨，可以磨平自身的锐气，雕琢出自身的勇气，俗话说："百炼成钢。"经过了千锤百炼，那把锐利的刀才能被炼成。人只有经历了无数次的折磨，方能成就自我。

感谢那些伤害过自己的人

在生活中，无可避免地，我们都曾受过他人有意或无意、或大或小的伤害，有可能是蔑视，有可能是恶意中伤，有可能是背叛，有可能是抛弃……那些伤害过自己的人，曾经给自己带来了多少的痛苦、无助、挣扎和泪水，或许，直到今天，我们的心中仍残存着怨恨；或者，在我们身上已经结了一层厚厚的茧，尽可能让自己不再受到伤害；或者，我们已经走出了伤害的阴霾，放下了情感的枷锁，内心对那些伤害过自己的人充满感激，没有他们，就没有自己的成长。那么，面对曾经伤害过我们的人，我们到底该以何种态度面对呢？如果是怨恨，那么，我们的余生将在仇恨中度过；如果是感激，那么，我们将更快地成长，在以后的道路中，我们将更加懂得珍惜身边的人。所以，感谢那些曾伤害过我们的人吧！因为他们，让我们重新站了起来。

如果没有那些伤害，那么，至今仍在温室里的花朵，就会缺乏对未来苦难的承受力。感谢那些曾伤害过自己的人，或许是有意，或许是无意，他们都让我们打破了幻想，认清了现实，从而让自己变得更坚强，更成熟。经历过伤害的我们，将不再畏惧未来的磨难，懂得感恩，更好地学会享受生活的乐趣，在以后的日子里，我们应知道该如何分辨和珍惜那些真爱我们的人，感谢那些伤害过我们的人。

感谢斥责你的人，因为他提醒了你的缺点；感谢抛弃你的人，因为他，你学会了独立；感谢欺骗你的人，因为他，你多了一份智慧；感谢鞭打你的人，因为他，你有了更强的斗志；感谢绊倒你的人，因为他，你的脚步变得更加坚定。所以，感谢那些曾伤害过我们的人，如果想要自己变得坚强，就要学会笑对他们，只有这样，我们才有机会超越自己，才能真正地变得成熟、勇敢。

第8章 别不好意思，感恩之人要懂得言谢

做一个常怀感恩之心的人

现代社会，人们的生活逐渐富裕，可是，人们的心灵却渐渐变得贫瘠，冷漠似乎已经替代了久违的温暖。在高楼大厦里，钢筋混凝土的构造预示着一颗颗冰冷的心，人们总是把自己关在一个屋子里。邻居之间，虽然只隔了一堵墙，但横亘在他们之间的还有冷漠。日常交际中，随处可见那虚假笑容背后冰冷的心，他们已经没有时间来关心自己，又怎么会关心他人呢？

汤姆是一位工程师，虽然拥有了体面的工作，但是，来自生活的种种磨难，令他感到沮丧。汤姆已人到中年了，事业却没有任何起色，他常常无端地发脾气，怨天尤人。有一天，他对妻子说："这个城市令我很失望，我想离开这里，换个地方。"于是，他毅然决然地搬了家，无论身边的朋友怎么劝他，都无法改变他的决定。

汤姆和妻子搬到了另外一个城市，在新的环境里，汤姆每天早出晚归，似乎很享受这样的状态。一个周末的晚上，汤姆和妻子正在整理房间。突然，停电了，整个屋子一片漆黑，汤姆后悔自己没有购买一些蜡烛，他无奈地坐在沙发上，又开始抱怨起来。这时，门口传来了轻轻的敲门声，汤姆在陌生的城市并没有熟人，他也不希望自己的生活被人打扰，他不情愿地起身开门，极不耐烦地问道："谁啊？"门口站着一个黑影，问道："你有蜡烛吗？"汤姆气不打一处来，生气地回答："没有！"说完，"嘭"的一声就把门关上了。

回到客厅的汤姆开始向妻子抱怨："真是麻烦，讨厌的邻居，我们刚刚搬来就来借东西，这么下去怎么得了？"正在他抱怨的时候，门口又传来了敲门声，汤姆生气地打开门，门口站着一个小女孩，手中拿着两根蜡烛，小女孩奶声奶气地说："奶奶说，楼下新来了邻居，可能没有带蜡烛来，要我拿两根给你们。"汤姆一下子愣住了，好不容易才缓过神来，对小女孩说："谢谢你和你奶奶！"

由于缺乏一颗感恩的心，汤姆的生活处处碰壁，不过，他并没有从自己身上找原因，而是怨天尤人。直至遇到了新邻居，汤姆才意识到自己失败的根源：对他人太冷漠、太刻薄了，不懂得感恩。如果你觉得这个社会令自己失望，不如说你令这个社会失望，因为我们都是社会的一分子，如果你不能融入这个社会，那只能证明你自己缺乏一些东西。冷漠，会阻隔人与人之间的心灵交流，可以让一个人的心灵花园变得荒芜；而感恩，会构建起人与人之间的心灵桥梁，可以让一个荒芜的花园开满鲜花。

有一天，旅行家辛格正穿过喜马拉雅山脉的某个山口，在经过了三小时的长途跋涉后，他看起来筋疲力尽，感觉又冷又饿，很想坐下来喘口气。但是，他不敢，因为一旦坐下去，就有可能永远站不起来了，他只有靠不停地走动来保持体温。

突然，他发现了雪地上躺着一个人，那个人半截身子已经被埋在了雪地里，可能那个人也是自己的同行，跟自己一样不幸。辛格看见了，顿生恻隐之心，他蹲下来检查，发现那个人还活着，只不过被冻晕了。他想：如果自己能将他带到一个温暖的地方，也许他还有救。辛格问自己："要不要带走他？"心中传来了一个声音："别干傻事，辛格！我自身难保，带上他我会送命的！"这似乎很有道理，辛格犹豫了起来，但最后，辛格还是决定帮助那个已经昏迷的人。

辛格费了很大的劲儿，才把那个昏迷的人抱起来放在自己的背上，他一步一步艰难地往前走着。由于那个人很重，所以，尽管辛格走在冰天雪地里，但没有走多久，辛格就感觉浑身发热，渐渐地，那个人也苏醒了过来。过了一会儿，那个人就能自己走了。

霍华德·加德纳教授曾说："现代人之间的冷漠与孤独很大程度上要归咎于人们自身，是我们自己选择了这样的结果。"人们的自私与冷漠让他们选择了自己的人生，可是，在感恩的召唤下，自私的心会逐渐变得暗淡，冷漠也会开始变得温暖。

心怀感恩，我们就会想到要去关心别人、帮助别人，而且，从中能收获诸多的快乐，在这样一个过程中，既让他人感受到了阳光般的温暖，同时，也让自己的心灵花园变得美丽起来。如果一个人总是表现得自私、冷漠，不愿意帮助别人、关心别人，那么，他注定会成为没人关心的可怜虫。

现代社会中，人际关系失去了原有的和谐与温馨，取而代之的是冷漠与冰冷，也不知道为什么，这个社会越繁荣，人心越冷淡，物质生活越丰富，精神与心灵却日渐荒芜。其实，在这样一个物欲横流的时代，人们所缺少的是一颗感恩的心，只有懂得感恩，人们才能感受到久违的温暖。所以，常怀感恩，让你的冷漠被温暖所代替，让自己重归温情的社会吧！

第9章

别不好意思，该拒绝时果断拒绝

拒绝是一门语言的艺术，更能直接体现出一个人的智慧。学会拒绝是我们的一种自我保护，也是一种豁达明智的心态，更是一种卓越的口才技巧。在生活中，或许我们都会遇到需要拒绝的人和事，这时就需要委婉拒绝，将拒绝的话说得动听。

不要把拒绝的话说得太直接

其实，中国人受传统思想影响，在说话时大多是含蓄的、委婉的，即便在拒绝别人的时候也会追求委婉。不过，就算我们擅长委婉说话，但在现实生活中，还是不乏一些心直口快的人，对于这种性格的人，切忌拒绝太直白，容易让对方心生怨恨。拒绝是一种艺术，既能巧妙达到拒绝的目的，又不至于让对方心里产生不快的情绪，这才是高明的拒绝。通常而言，太过直白的拒绝往往是伤人的，不仅严重打击对方的积极性，而且还会令对方心生怨恨。拒绝，意味着否定了他人的意愿或行为，太过直接，就会伤害到对方的自尊心。

张大千留有一把长胡子，在一次吃饭时，一位朋友拿他的长胡子连续不断地开玩笑，甚至拿他消遣。

可是，张大千却不恼怒，而是不慌不忙地说："我也奉献给诸位一个有关胡子的故事。刘备在关羽、张飞两弟亡故后，特意兴师伐吴为兄弟报仇。关羽之子关兴与张飞之子张苞报仇心切，争做先锋。为公平起见，刘备说：'你们分别讲述父亲的战功，谁讲得多，谁就当先锋。'张苞抢先发话说：'先父喝断长坂桥，夜战马超，智取瓦口，义释严颜。'关兴口吃，但也不甘落后，说：'先父须长数尺，献帝当面称为美髯公，所以先锋一职理应归我。'这时，关公立于云端，听完忍不住大骂道：'不肖子，为父当年斩颜良，诛文丑，过五关，斩六将，单刀赴会，这些光荣的战绩都不讲，光讲你老子的一口胡子又有何用？'"

听完张大千所讲述的这个故事，众人哑口无言，从此再也不谈胡子的话题了。

拒绝是一门艺术，它最忌直接，而拒绝的最高境界是让你和对方都不至于陷入尴尬的境地。朋友以张大千的胡子开玩笑，甚至有些过分，张大千想制止对方，如果轻描淡写的话，恐怕对方会不以为然；声色俱厉，又怕伤了朋友之间的和气。张大千这样一说，委婉地告诉对方，你们拿我的胡子开玩笑，我已经忍了这么长时间了，再这样下去，我可就不高兴了。意思传达了，大家自然知趣，不再提这个话题了。

1. 委婉的拒绝更合适

我们不建议用直接的拒绝方式，比如，这两种拒绝方式："我不吃日本料理。""附近还有其他特色餐厅吗？我不太习惯吃日本料理。"前一种更像是把一句带着刺的话语插进对方心里，典型的自我中心式表达，践踏了别人的一番好意；

而后一种则委婉地表达了自己的想法，别人更容易接受。当我们开始说"不"的时候，态度必须是委婉而又坚定的，委婉地拒绝比直接说"不"更容易让人接受。比如，当同事提出的要求不符合公司部门规定的时候，你可以委婉地告诉对方你的权限，自己真的是爱莫能助，如果耽误了工作，会对公司与自己不利。

2. 艺术性地拒绝

在日常生活中，我们需要拒绝，也需要说"不会让对方伤心的拒绝话"，艺术的拒绝方式不会让对方感受到伤害，反而会理解你的处境。当别人对你有所求而你又办不到的时候，你不得不说"不"，当然，拒绝并不是以伤害他人为目的，而是以和为贵，应尽可能在不影响两人关系的前提之下拒绝。虽然拒绝是很难的，但在不得已的时候还是要学会拒绝，事实上，只要你能够很好地运用拒绝的艺术，它最终带来的就不是尴尬而是和气。

给要拒绝的人一个恰当的台阶

人活在这个世界上，总会遇到一些这样的情况：自己的同窗好友或者同事，相处的时间长了，就会找自己帮忙。如果自己可以做到，那么应该尽全力去做，假如对方所提出的某些要求太过分，自己办不到，或者说不是我们个人能力所及的，那就需要拒绝别人，而不是硬撑。生活中总是有很多人在面对诸如此类问题时感到很困惑，不知道该怎么办，明明知道这些事情自己办不好，但又害怕伤害了彼此之间的友谊，于是勉强答应下来。那么，如何才能不伤害对方呢？最有效的办法就是给对方一个台阶下，以此维护好对方的面子，所以，我们在说"不"之前，要让对方了解你之所以拒绝的苦衷和歉意，拒绝的语言要诚恳，更要温和。当对方向你提出要求时，他们心中通常也有些困扰或担忧，所以，你在拒绝之前应该学会倾听。对方把需要与处境讲清楚，你才知道该如何帮他，而且，倾听能让对方有被尊重的感觉。当你婉转地拒绝时，也能避免伤害对方。

"不论什么事情只要交给小安，我就放心了。"小安进入公司两年，这是领导经常挂在嘴边的一句话。刚开始小安很高兴，但时间一天天过去了，领导交给自己的工作任务越来越多，小安经常听到这样的吩咐："小安，这个方案你负责一下""小安，这个客户你去接待一下""小安，这个项目人手不够，你也参与进来"。

小安手里的事情多得做不完，但身边的同事却有时间发呆，薪水并不比自己少多少。小安心想，也许自己再忍忍就会有升职加薪的机会。但是，每次到了升职加薪的时候，那机会总是轮不到小安。后来，小安从人事部的老同事嘴里得知，关于自己升职的事情，中层主管已经讨论过很多次了，每次都被领导否决了，说小安虽然业务能力不错，但管理能力不足，需要再锻炼锻炼。这时老同事就会说："你想想，如果你升职了，他上哪儿去找这么任劳任怨的下属呢？"

小安觉得，自己一定要想办法拒绝领导了，可是，该如何拒绝呢？这天，领导又开始吩咐："小安，下班后先别急着走，有一个案子还需要你负责一下。"小安脱口而出："不好意思，领导，今天我妈妈从老家过来了，就是五点半的火车，我得去接一下，您也知道，老年人嘛，腿脚不太方便，我可不放心她被那些身强力壮的人挤来挤去，而且我妈妈也不认识路，我必须去接她。"领导似乎很理解，挥挥手，说道：

"行，那你早点回去吧，案子的事情我让别的同事负责。"

在案例中，小安找了一个老掉牙的理由——接人，虽然这算是一个好"台阶"，暂时不会被领导看出来，但下一次再被领导要求"加班"该怎么办呢？如果领导意识到自己被下属欺骗了，那结果会更糟糕。因此，作为下属，一定要在拒绝领导时，找一个最恰当的理由，给领导一个更好的台阶下。

其实，拒绝时给对方一个台阶下，也就是说我们需要找个好理由。通常我们在拒绝时都会阐述一些理由，而这些理由应该是充分而合理的，否则对方会感觉你不真诚。所以，在拒绝对方之前，需要给自己找好理由。一方面，如果没有找好理由就拒绝，明显会表现得"支支吾吾"；另一方面，若是随便找理由，不足以让对方理解，最终有可能会导致双方关系破裂。当然，在拒绝过程中，要开诚布公，明确说出自己的理由。如果你在已经找好理由的情况下，还是采取模棱两可的说法，就会使对方弄不清你的真正意思，而产生一些误会，这也很容易导致两人关系破裂。

当然，给对方一个台阶下，其隐含的意思是需要照顾其自尊，拒绝应尽量在不伤害对方的前提下进行。所以，当我们拒绝的时候，不要只针对一个人，比如，面对推销员上门推销，你可以这样说："我们公司已经与某某公司签订了长期供给合同，公司里规定不用其他公司的原料，我也是按规矩办事。"由于你说的是以公司为单位，并不是针对他这个人，因此他不会埋怨你，毕竟他没受到什么伤害。

拒绝的话要巧妙地说出

在日常生活中,我们都不可避免地会遇到需要拒绝的人或事,面对别人提出的不合理、不合适的要求或者自己不愿意去做的事情,我们需要大声说"不",不要忍受欺负,不要总是对别人言听计从。虽然,拒绝是必然的,但拒绝的方式却是需要考量的,直接的拒绝意味着对他人意愿或行为的一种否定,无形中会打击对方的自信心,甚至伤害对方的自尊心。那么,如何保全双方的面子,又巧妙地达到拒绝的目的呢?我们可以通过语言来向对方暗示"拒绝",拒绝也是一种艺术,这样既能达到巧妙拒绝的目的,又不至于让对方心里产生不快的情绪,这才是最高明的拒绝。某些时候,我们不得不说"不",当然,拒绝并不是以伤害他人为目的,而是要以和为贵,尽量在保全双方面子的前提之下进行。

有一天,萧伯纳收到了著名舞蹈家邓肯的求爱信,她在情信中写道:"如果我们结合,有一个孩子,有着和你一样的脑袋,和我一样的身姿,那该多美妙啊!"萧伯纳看了信以后,很委婉又很幽默地回了一封信，他在信中说："依我看那个孩子的命运不一定会那么好，假如他有我这样的身体，你那样的脑袋，岂不糟糕了吗？"

邓肯收到信以后，明白了萧伯纳的拒绝之意，她失望地离开了，但她一点也不恨萧伯纳，反而成了他最忠实的读者和好朋友。

拒绝的话一向都不好说，说得不好很容易扫了对方面子，或者让自己陷入尴尬境地。所以，我们在拒绝他人时，需要讲究策略，最关键的一点就是用含蓄委婉的语言来传达"拒绝"的心理。

在拒绝的时候，我们需要考虑到对方的面子，而幽默的拒绝恰好可以巧妙地体现这一点，用幽默的方式来拒绝对方，让对方在毫无准备的大笑中"失望"。比如面对同事去钓鱼的邀请，"妻管严"丈夫回答"其实我是个钓鱼迷，很想去的，可结婚以后，周末就经常被没收了"，同事哈哈大笑，也就不再勉强他了。

意大利音乐家罗西尼生于1792年2月29日，因为每4年才有一个闰年，所以在他过第18个生日的时候，他已经72岁了。在他过生日的前一天，一些朋友告诉他，他们凑集了一笔钱，要为他立一座纪念碑。他听了以后说："浪费钱财！给我这笔钱，我自己站在那里就好了！"

罗西尼虽然不同意朋友的做法，但他并没有正面拒绝，反而提出了一个不合理的想法，含蓄地指出朋友的做法太奢侈了，点明了这种做法的不合理性。拒绝是需要讲究技巧的，尤其是语言上的技巧，只有掌握了这些技巧，才既不得罪人，又能让别人欣然接受。

1. 委婉暗示

有时候面对下属提出的建议，上司不忍拒绝，只好委婉地暗示"这个想法不错，只是目前条件还没有成熟，我觉得你应该把工作重心放在现阶段的主要工作上"。有时候，身边的同事或朋友可能会向你打听一些绝密的事情，但原则性要求你保密。你不妨采用诱导性暗示，诱导对方自我否定。比如，你可以对他说："你能保密吗？"对方肯定回答："能。"然后你再说："你能，我也能。"

2. 借助他人之口说出拒绝的话

如果自己不知道该如何拒绝，你可以借助他人之口说出拒绝的话。比如利用公司或者上司的名义进行拒绝，"前几天董事长刚宣布，不准任何顾客进仓库，我怎么能带你去呢"，或者说"这件事我做不了主，我会把你的要求向领导反映一下，好吗"。

对于领导的要求，可以这样拒绝

下属经常会遇到这样的情况：领导叫你干一件事，你马上答应了下来，即便这件事本不该你做，或超过了你的负荷。或许是慑于领导的压力，也许是出于其他的考虑，你往往不会拒绝。其实，在工作中，我们应该学会拒绝领导。当然，不同的人，所选择的拒绝方式也会不一样，也就造成了不同的结果。尤其是拒绝领导，更需要委婉才能达到拒绝的目的。这就需要你掌握一些回绝的技巧和回绝的忌讳，才能使自己在回绝之中处于主导位置。虽然，你在职场生涯中是有权利说"不"的，但是你也要有说"不"的能力。这就需要你所选择的回绝理由必须是客观的，所说的言辞要委婉，还需要有一定实力。总而言之，在拒绝领导的时候，无论是语气还是态度，都应该更加委婉含蓄。

快要下班的时候，经理叫住正要出门的小东，吩咐道："小东，先别走，客户刚打了电话，说晚一点会过来看样品，这个客户很重要，你留在办公室接待一下。"小东有些不耐烦："怎么又是我啊？每次遇到这种事情都找我，经理啊，下班了我也想有点自己的私人时间，你看我都三十岁了，连个女朋友都留不住，她跟我分手的理由就是我太忙了，我就请你高抬贵手，放过我这一次吧。"经理脸色有些阴沉，但还是轻言说道："毕竟关于样品的介绍，还是你比较熟悉点，你做的这份工作就是这样，不应该把女朋友和你分手跟工作扯上关系。"

见总经理还是要求自己去做，小东索性也板着一张脸，说："总经理，反正我今天有事情，我真的接待不了，你要怎么惩罚我都可以。"说完，他头也不回地走了，只剩下总经理站在那里张口结舌。

案例中，小东的拒绝算是比较差劲的，可能他真的有事情，但却不应该以这样的口气与领导说话。这样的拒绝方式，非但不会让领导体谅你，反而会责怪你不服从命令。对每一位领导来说，需要管理的是整个公司，而不是某一个人，保持自己的权威性对他来说十分重要。

张经理总喜欢给小娜布置很多工作任务。这天，张经理正准备给小娜增加工作量，小娜鼓足了勇气说："我手里有三个大的项目，十个小的项目，我担心时间安排不过来。"张经理一听，脸色马上变了，说道："可是，这个项目只有你去做我才放心。"小娜只好无奈地表示:"那好吧,我赶一赶。"说完,小娜就后悔了。

看到张经理阴沉的脸,一个大胆的念头在小娜脑海中闪现:"不过,要按时保质完成,我需要几个帮手。"小娜轻描淡写地说,张经理有些惊讶,但马上笑着说:"我考虑一下。"原来,小娜是这样想的,如果张经理答应给自己派个助手,那就相当于变相给自己晋升,自己的工作也就分担出去了;如果不答应,那他也不好再给自己布置新任务了。

果然,张经理没有再给她增加新的工作量,而且还经常跑过来关心小娜的工作情况。

在这个案例中,小娜的拒绝方式是成功的,向领导表现自己的难处,得到了领导的理解。当然,在拒绝过程中,也很好地照顾了领导的面子,从而融洽了上下级之间的关系。张经理在遭受小娜的拒绝之后,并未对小娜产生反感,反而经常询问其有关的工作情况。

在拒绝领导的时候,我们特别需要注意自己的言辞,选择一个合适的场合,用友好的语调与其交谈,让领导感受到你的尊重,你是在为他维护权威和形象,他就会觉得你是一个善解人意的员工,也会对你产生一种好感。千万不要以直接的语气跟领导说话,这样只会造成争吵,结果不言而喻。

在工作中，对于领导提出的不合理请求，许多人都不懂得该如何去拒绝，往往因为情面等而违心地说"是"。其实，这样对双方都不好，事情办不好可能会对对方造成一定的损失，而自己也会给领导留下不好的印象。当然，没有人喜欢被拒绝，所以，在工作中不要急切、直接地表达出自己的立场与处境。我们应该掌握必要的沟通技巧，既不伤害领导面子，又能婉转地拒绝他人，尽量降低拒绝产生的负面效应。

先给对方戴高帽，以肯定的方式拒绝

有时候，我们用"戴高帽"的方式，也可以达到巧妙拒绝对方的目的。通常情况下，一个人被拒绝之后，心里会产生落差，他会觉得自己的言语或行为遭受了否定，甚至会有一种被遗弃的感觉。这时，他急需要一种愉悦的情绪来填补内心的落差，如果你在拒绝对方的时候，再加上几句赞美的话语，那将是非常完美的。在这个世界上，每个人都渴望受到他人的赞同与肯定，即便自己的某些要求被否决了，但自己的另外一些方面受到了别人的赞美，那何尝不是遭受拒绝之后的一种补偿呢？在生活中，虽然我们都知道拒绝是应该的行为，但我们又害怕拒绝别人，也害怕被人拒绝，无论处于哪一方，我们都将遭受消极情绪的折磨。在这样的情况下，为什么不能将拒绝变换一种方式呢？就好像本来一个平常无奇的三明治，突然中间加了许多美味的蔬菜，那该是多么大的惊喜！所以，在拒绝对方的时候，我们要善于采用抬高的方式。

早上，熬了一个通宵的王女士还没起床，就被一阵敲门声吵醒了。她很不耐烦地起床，胡乱穿了一件睡衣就开了门，只见门外站着一个十七八岁的女孩子，正犹豫着要不要继续敲门呢。王女士上下打量了对方一番，发现这个女孩子穿着随意的T恤和牛仔裤，手提一个袋子，袋子封面上有"某某化妆品"的字样，一看这架势，应该是上门推销的。

王女士有些不耐烦："大清早的，怎么就上门推销东西了？"那女孩子态度很谦和："不好意思，姐姐，打扰你了，我是某某公司……""姐姐？"王女士看着邋遢的自己，好像还把自己看年轻了，那女孩子谦逊的态度，让王女士不好拒绝，但是她平时最讨厌这种上门推销的业务员。她一边听那女孩子推销产品，一边思考怎么拒绝她。

不一会儿，那女孩子就介绍完了产品，然后试探性问："姐姐，你平时用化妆品吗？"果然，马上就转到正题了，王女士摇摇头说："我每天都很忙，哪里有时间去护肤呢？不过，说实在的，我可是很羡慕像你这样年纪的女孩子，皮肤好，身材好，那可是我做梦都想回去的年纪，可惜已经回不去了。"女孩子害羞得红了脸，说道："其实，姐姐看起来也很年轻的。"王女士笑了笑，说道："像你这样的女孩子就是好，我的女儿也和你这般年纪，正在上大学，青春真是无限好，如果我女儿在家就好了，估计她会对你的化妆品感兴趣，可是怎么办呢？现在我的女儿不在家，像我这样的老太婆，已经用不着了，

213

下次我女儿回来了,一定欢迎你上门推销,好吗?"没想到这样一说,那女孩子一点也不泄气,反而很有礼貌地说:"不好意思,姐姐,打扰你了,再见!"说完,就告辞了。

在案例中,王女士本想拒绝上门推销化妆品的女孩子,但看着对方谦和的态度,又不忍心拒绝,怎样拒绝才不至于让对方难以接受呢?她打量了那个女孩子以后,发现对方跟自己女儿差不多大,于是,她先是赞赏了对方令人羡慕的年纪,这样的"戴高帽"立即给对方带来了好心情,然后再适时拒绝,这样的方式也就令对方很容易接受了。

为什么这种拒绝方式是有效的呢?

1. 让对方产生优越的感觉

"戴高帽",其实就是赞美,或者说夸赞,将别人的地位无形之中抬高,让他产生一种优越的感觉。因此,能有效地弥补其遭受拒绝之后的心理落差。

2. 人其实是容易满足的

人总是这样,当他重新拾回了一个苹果,即便他已经丢失了一个橘子,但他内心还是会非常愉悦,人们总是着眼于眼前的东西,他们总是容易满足的。因此,当我们不得不拒绝他人所提出的要求时,若适时说几句好话,定会给对方带来意想不到的惊喜。

参考文献

[1]闰寒.学会拒绝[M].北京：中国盲文出版社，2003.

[2]凡禹.成功人士99个说话细节[M].武汉：华中科技大学出版社，2009.

[3]周维丽.别让不好意思害了你[M].北京：北京理工大学出版社，2012.

[4]谢国计.别让不好意思毁了你[M].北京：九州出版社，2013.